Aymeric Lapp

AF877832

Le Samu

L'urgence médicale au quotidien

Edilivre

Préface

La sécurité de nos concitoyens constitue le premier devoir de l'Etat.

En situation de crise, le représentant de l'Etat dans le département exerce les fonctions de directeur des opérations de secours. A ce titre, il est responsable du pilotage et de la coordination de l'ensemble des services dont l'action est rendue nécessaire sur un théâtre de crise.

Dans l'exercice de cette mission, le préfet doit pouvoir compter sur la compétence, le professionnalisme et la capacité des services d'urgence à travailler ensemble et coordonner leurs moyens et leurs efforts pour porter secours aux victimes.

J'ai pu observer en Meurthe-et-Moselle une coordination remarquable entre les services du SAMU et du SDIS, garante d'une réponse efficace sur le terrain.

Au-delà de son action quotidienne, j'ai pu mesurer la forte mobilisation du SAMU qui s'associe régulièrement aux travaux de planification et à l'organisation des exercices de sécurité civile. Ce travail de prévention et de préparation des services de secours est indispensable pour anticiper et gérer au mieux les situations de crise.

Malgré les conditions de stress inhérentes à l'exercice de leurs missions, les professionnels de l'urgence font preuve d'une constante disponibilité et d'un grand dévouement pour faire face à toutes les situations de crise. C'est à toutes ces femmes et tous ces hommes que je souhaite rendre hommage.

Nos concitoyens doivent être pleinement conscients de l'expérience et de l'engagement des professionnels de l'urgence pour garantir leur sécurité et la continuité des services essentiels à la population.

Adolphe COLRAT
Ancien Préfet de Meurthe-et-Moselle

« Depuis la création des premières salles de régulation en 1970, jusqu'à sa naissance officielle en 1986, le SAMU est devenu un maillon essentiel dans la chaîne de secours du système sanitaire français. Accessible à tous les citoyens, où qu'ils se trouvent, 7j/7, 24h/24, le « 15 » est sans conteste l'une des plus importantes réalisations médicales des dernières décennies en termes d'accès et de permanence des soins. L'excellence et la réputation de ce service, nous les devons avant tout aux femmes et aux hommes qui, à des rythmes intenses, côtoient souvent la détresse. C'est d'abord à chacun d'entre eux que je souhaiterais rendre hommage.

Si chaque citoyen est familier avec le SAMU, pour avoir fait appel à lui ou pour avoir croisé un véhicule du SMUR dans son quotidien, son organisation, ses missions, tout comme les défis auxquels il doit faire face, restent encore peu connus du public. C'est à lui que s'adresse cet ouvrage de grande qualité, qui permet à tout à chacun d'avoir une vision exhaustive de ce qu'est l'aide médicale urgente aujourd'hui.

Comme souvent dans le domaine de la santé, pilier de l'attractivité de notre territoire, Nancy a été précurseur en matière de secours d'urgence. Forte de l'héritage de la défense passive, ancêtre de la Protection civile, mais surtout de par l'existence d'une collaboration ancienne entre médecins, sapeurs-pompiers et infirmiers au service d'une assistance à domicile, Nancy fut la première grande ville française à mettre en place un service d'aide médicale urgente préfigurateur des SMUR. En effet, la création, en 1962, par le Professeur Alain Larcan, du service mobile de secours, dénommé SOS, et fruit d'un partenariat étroit entre le Service Départemental d'Incendie et de Secours (SDIS) et le Centre Hospitalier Régional Universitaire (CHRU) nancéien, révolutionne la médecine pré-hospitalière : désormais, la médecine d'urgence sort hors des murs de l'hôpital avec, comme principe d'action, la rapidité des interventions pour une prise en charge optimale des patients.

Aujourd'hui, dans notre agglomération, reconnue pour l'excellence de son pôle santé et de l'offre de soins, les liens Ville-Hôpital restent une priorité forte. Que ce soit à travers la mise en place de dispositifs permettant une communication optimale entre médecine de proximité et hôpital, la participation à des réseaux de santé, ou encore le développement des soins à domicile, l'exigence d'une médecine proche des patients, adaptée à leurs besoins, orientée sur l'humain autant que sur le médical, est partagée par l'ensemble des acteurs de santé à Nancy et dans le Grand Nancy. »

André Rossinot
Ancien Ministre
Vice-président du Conseil
Régional de Lorraine de 1983 à 1988
Député de Meurthe-et-Moselle de 1978 à 1997
Maire de Nancy depuis 1983

En chirurgie, en obstétrique, en réanimation, en cardiologie, et dans presque toutes les disciplines médicales, les situations urgentes nécessitent des conduites qui doivent être mises en œuvre après réflexion diagnostique rapide, avec tous les moyens nécessaires.

On s'accorde depuis CROWLEY, relayé en France par Maurice CARA pour définir l'heure d'or, au-delà de laquelle, les résultats escomptés seront moins bons, voire aléatoires en terme d'évolution mortelle, de morbidité et de séquelles. Il s'agit là des urgences les plus habituelles, mais dans le domaine des urgences absolues, des urgences vitales, ce sont plus les minutes et surtout les premières minutes qui comptent (3 à 4 minutes pour un arrêt cardiaque, 10 à 15 minutes au plus pour un accidenté grave de la route, etc…), ce qui justifie, les gestes de premiers sccours susceptibles d'être effectués par un témoin secouriste bénévole, présent sur les lieux et l'intervention des secours professionnels, sapeurs-pompiers et SMUR, dûment alertés par les appels téléphonés au centre d'appels, en premier lieu, celui du SAMU ou CRRA 15. Le sigle, SAMU, Service d'Aide Médicale Urgente a connu, on le sait, une grande fortune au point d'être substantivé SAMU, SAMUtiste et voire sa signification initiale étendue, SAMU social,… et son terme utilisé directement, même à l'étranger.

Face à un accident ou à une urgence vraie, ou simplement ressentie, les diverses étapes de l'intervention sont pratiquement toujours les mêmes : appel, réponse donnée par un(e) PARM (Permanencier Auxiliaire de Régulation Médicale) et le cas échéant, après avis du médecin régulateur, envoi des secours les plus appropriés avec ou sans médicalisation : VSAV (Véhicule de Secours et d'Assistance aux Victimes), ambulance privée, VML, UMH, hélicoptère,… ; soins sur place et pendant le transport, éventuelle hospitalisation. Dans tous les cas, il convient d'intervenir dans les meilleurs délais, le cas échéant de solliciter les renforts (montée en puissance, intervention à la rencontre, etc…), en particulier lors des accidents collectifs, des accidents catastrophiques à effet limité, nécessitant des procédures particulières (plan rouge, plan blanc) et dans certaines situations étiquetées NRBC, des dispositions soigneusement étudiées préalablement (équipement des sauveteurs en particulier).

L'expérience que j'ai entreprise en 1962 n'a jamais cessé depuis lors et elle a subi un certain nombre de modifications, mais l'esprit en demeure : collaboration étroite entre SAMU, SMUR et sapeurs-pompiers, préparation et formation des personnels, médecins, infirmiers, permanenciers, ambulanciers, pilotes, intervenant en équipe, sectorisation étendue à l'ensemble de la région permettant d'avoir les meilleurs secours de proximité, maillage souple, interactif permettant les opérations à la rencontre et la montée en puissance.

L'historique de l'organisation des secours a comporté diverses étapes, se déroulant sur des terrains différents, champs de bataille, mais aussi dans le domaine civil, berges d'un fleuve, bord de la mer pour le secours aquatique, en particulier pour les noyés, à domicile ou sur le lieu de travail, pour les asphyxiés et toute une série d'accidents, partout pour les urgences cardiaques. On devait remarquer rapidement la polyvalence des gestes, des méthodes et des matériels, susceptibles d'être mis en œuvre sur le terrain et lors du transport. Des progrès notables ont été faits au cours du temps, tant par les services de santé militaire et que par les organisations humanitaires, au premier rang desquelles la Croix Rouge. Le régiment, puis brigade de sapeurs-pompiers sous la direction entre les deux guerres du médecin colonel, puis du médecin général COT, s'est montré un précurseur de secours cohérents et nous avons personnellement toujours tiré les leçons.

Les expériences françaises parfaitement rappelées dans l'historique de cet ouvrage ont abouti à la loi SAMU, en 1986 avec l'organisation sur le territoire d'un maillage essentiel associant le prompt secours des sapeurs-pompiers et l'intervention médicalisée des SAMU – SMUR. La doctrine française s'oppose un peu à celle défendue par les anglo-saxons « *scoop and run* », mais ne peut se résumer à un « *stay and play* », même si le douloureux épisode du pont de l'Alma (Princesse Diana) s'inscrit, il faut le dire, au passif de la doctrine française, mais il s'agissait d'un cas exceptionnel de rupture vasculaire qui aurait nécessité le transport immédiat dans un centre de chirurgie thoracique.

Il faut en pratique, associer les deux doctrines et non les opposer de façon schématique et même caricaturale, en allant au plus vite, sur le lieu de l'accident ; le coup d'œil médical initial, peut être primordial afin de réaliser sur place les gestes essentiels qui peuvent être salvateurs, tant sur le plan vital que sur le plan des séquelles éventuelles ultérieures, continuer ces gestes et la surveillance pendant le transport et hospitaliser les blessés, intoxiqués, cardiaques… dans les meilleurs délais, dans les structures appropriées.

La rédaction par Monsieur Aymeric LAPP de ce travail montre une grande intelligence des diverses situations. Il recense et analyse les divers moyens d'une organisation complexe, celle du SAMU qui a aujourd'hui fait ses preuves et mérite d'être maintenue, perfectionnée et bien entendu évaluée de façon régulière pour donner toujours à nos concitoyens un meilleur secours dans les meilleurs délais et dans toutes les circonstances.

Pr Alain Larcan
Professeur émérite à l'Université Henri Poincaré
Président honoraire de l'Académie Nationale de Médecine
Médecin chef honoraire des services
Conseiller régional de 1998 à 2004
Grand Croix de la Légion d'Honneur
Officier de l'Ordre National du Mérite
Commandeur des Palmes Académiques

Nous sommes au soir de Noël, la neige est bien tombée, le repas excellent se termine et il fait bon chaud, trop chaud. Tout à coup, un convive s'effondre sous la table et perd connaissance. On se précipite pour l'allonger correctement à plat sur le dos. On dégrafe sa veste, son pull, sa cravate, sa chemise. Pas de pouls, pas de respiration, le teint est cireux et aucune conscience perceptible. Un ébranlement thoracique, suivi d'un massage cardiaque de quelques minutes suffisent à réoxygéner le patient qui rosit, et s'éveille peu à peu, revient à la vie.

Le centre 15, aussitôt prévenu, et aussitôt venu, l'emmènera au SAUV, puis en cardiologie. Quelle peur au sein des convives, et quelle joie… que tout se termine bien !

N'importe qui, n'importe où, peut être témoin d'un événement aigu chez une personne dont la survie dépend justement de l'intervention de ce témoin. Alors, n'hésitons plus, n'importe qui, n'importe où, peut commencer la réanimation cardiaque : « *il suffit pour cela de deux mains* » a dit Kouwenhoven, l'inventeur du massage cardiaque externe. Et il suffit d'apprendre, ne pas avoir peur d'intervenir. Ce prompt secours, essentiel pour la survie doit être enseigné partout et à tous les âges. Il y a urgence à mieux faire en France, dans ce domaine, avant que les structures SAMU arrivent sur les lieux, si l'on veut gagner la partie, avec l'aide du défibrillateur mis en place dans les quartiers de la ville.

Que la lecture de ce livre écrit par un passionné de l'urgence, et qui a vécu au quotidien auprès de victimes très diverses, vous aide à comprendre comment être utile immédiatement : protéger, alerter, secourir, et raccourcir les délais d'intervention des équipes de secours, ô combien professionnelles, super équipées et entraînées.

Merci infiniment Aymeric d'avoir, avec ta fougue, écrit ce livre comportant tant de détails que plus personne ne peut ignorer.

Dr Marie-Claude Laprevote-Heully
Praticien hospitalier
Ex directrice adjointe du SAMU 54

Avant-propos de l'auteur

Dès que nous entendons cette sirène, nous nous retournons. Disponible 24h/24 et 7 jours/7, l'utilité du SAMU (Structure d'Aide Médicale Urgente) dans la chaîne des secours n'est, aujourd'hui, plus à démontrer. A l'inverse des pays anglo-saxons avec leur doctrine du « scoop and run » (charger et courir), nous préférons, en France, apporter « l'hôpital » au patient afin de traiter, et mettre en condition de transport en stabilisant l'état de santé avant de quitter les lieux. C'est le « stay and play » (rester sur place et traiter).

Alors que le nombre des appels d'urgence ne cesse de croitre, la démographie médicale est en déficit. Pourtant notre société, exigeante, connait mal les rouages de la permanence des soins, notamment de ce service, qu'est le SAMU.

Chaque année, en France, près de 35 000 personnes sont victimes de fibrillation ventriculaire. Une personne en arrêt cardio-respiratoire perd toutes les minutes 10 % de chance de survie si les gestes de premiers secours ne sont pas pratiqués dès les premières minutes. De l'accident de la route à la détresse morale, en passant par la maman affolée face à la fièvre de son enfant, les intervenants du SAMU doivent être d'une constante vigilance, car derrière des signes rassurants se cache peut-être « LE » cas urgent à ne pas négliger. Loin des lumières des blocs opératoires et de l'espace des chambres d'hôpitaux, il faut pratiquer des soins dans des conditions extrêmes. C'est toujours et en tous lieux ! Au « 15 », le vital côtoie le dérisoire et le dramatique jouxte le cocasse.

Presque 50 ans après la création du SMUR nancéien par le Pr Larcan, c'est au travers de cet ouvrage que j'ai souhaité vous faire découvrir la face cachée du quotidien de ces femmes et hommes qui composent les équipes du SAMU et du SMUR en Lorraine.

Ce livre est un hommage à celles et ceux qui participent à l'aide médicale urgente avec détermination, volonté et courage. Je souhaite faire part de ma plus profonde reconnaissance aux personnels du SAMU, du SMUR, aux sapeurs-pompiers, aux ambulanciers et aux secouristes associatifs. Voici les coulisses, mal connus, d'un service à la population, de métiers hors du commun.

La réalisation de ce livre a été pour moi une formidable aventure. J'y ai croisé des personnes qui ont su conserver, malgré le fil des années, la même motivation. Car qu'est-ce qui fait se lever chaque matin ces professionnels de la santé ? C'est avant tout la volonté de pratiquer des soins avec qualité et sécurité envers les patients. Et ce fut pour ma part, un réel bonheur de dialoguer avec en étant sur une même longueur d'onde loin des projecteurs et de l'apparat.

Quels seront les soins d'urgence à l'avenir ? Nul ne le sait. Derrière des décisions administratives, politiques ou financières se cachent parfois le couperet pour des soins de proximité. J'ai souvent raison à penser qu'il vaut mieux rassembler plutôt que diviser. Oublier les basses querelles et réunir l'ensemble des services de secours autour d'une même table voilà un vœu sage. Les coopérations doivent encore s'améliorer. Certaines initiatives locales peuvent encore se développer dans une trame souple et intelligente. Le premier bénéficiaire en est le patient qui attend non de patienter mais une réponse rapide à ses préoccupations urgentes !

Alors l'avenir va-t-il vers un central unique et neutre, recevant tous les appels via un numéro unique (112) et les répartissant dans les sous-ensembles opérationnels qui lui seraient satellites (SAMU, Sapeurs-pompiers, Gendarmerie, Police, Circulation,...) ?

Je tiens à ce que cet ouvrage soit aussi un hommage rendu à un grand homme.

Le 11 mai 2012, le Pr Larcan décédait. N'oublions pas l'homme mais aussi le médecin qui a fait réellement progresser la médecine d'urgence en France grâce à ses idées avant-gardistes.

C'est également l'hommage à un ami.

Ambulancier au SAMU de Nancy, Jean-Marc BRÜDER était un professionnel émérite. Le 20 novembre 2011, lors d'une mission humanitaire au Bénin, il n'hésita pas à venir en aide à une personne en train de se noyer. Il accomplit l'acte ultime, un acte héroïque, en payant de sa vie.

Sa personne et son geste ne doivent jamais tomber dans l'oubli.

Jean-Marc, nous n'oublierons pas ce que tu nous as apporté et le vide que tu laisses à ta famille, tes amis et au monde de l'urgence.

Créer l'émotion en capturant des images choquantes et en se servant de la douleur des autres est très facile mais particulièrement injuste, ingrat, morbide et aberrant. Tout au long de cet ouvrage, l'anonymat des victimes et de leur famille est une volonté réelle afin de garantir leur respect.

Concernant les professionnels de santé, citer quelques noms pourrait laisser penser aux autres qu'ils ont été oubliés alors que toutes et tous ont été des acteurs ayant présidé à une histoire et un développement émérites.

Historique du SAMU

Tout a commencé au VIème siècle, lorsque l'empereur Mauritius créait un corps de cavaliers chargé du ramassage des blessés. Cette ébauche restera longtemps sans suite puisqu'en 1537, le chirurgien Ambroise Pare constate que l'aide médicale urgente se réduit à une euthanasie sanglante.

En 1544, François 1er créa le grand bureau des pauvres chargé d'aller chercher à domicile les malades indigents et trop faibles pour se rendre à l'Hôtel Dieu. Dès la Renaissance, les anatomistes ont préconisé l'intubation trachéale en urgence (Vésale vers 1554). La découverte de la circulation sanguine (Harvey en 1628), puis la comparaison de la respiration à une combustion (Mayow en 1674) étaient avancées. La médecine d'urgence a longtemps été mise de côté et encore au XVII ème siècle le règlement militaire imposait aux chirurgiens de se tenir au moins à une lieue (4,45 km) du champ de bataille, c'est-à-dire à plus d'une heure de marche.

Ce n'est qu'en 1792 que le chirurgien Dominique Larrey mit en place le 1er système de soins urgents aux soldats blessés sur le champ de bataille. Il a ainsi organisé des « centres de soins » sur le terrain et le ramassage des victimes par des ambulances « volantes ». Fils d'un cordonnier béarnais, il se forma d'abord à Toulouse puis à Paris. Après un court séjour comme chirurgien dans la marine, il passa dans l'armée et en 1792, lors du siège de Spire, désobéissant au règlement militaire, il partit de son propre chef avec ses infirmiers sur le champ de bataille pour donner les premiers soins aux blessés. Le résultat fut spectaculaire, la mortalité se trouva réduite de plus de 50 %. Il fut puni pour désobéissance, mais lorsque ses mérites furent enfin reconnus, il fut promu médecin major.

1863, création de la Croix Rouge internationale par Jean-Henri Dunant qui a introduit le secourisme dans la pratique civile et dispensé son enseignement.

1876, invention du téléphone par Graham Bell, ce qui permis une alerte plus précoce de services de secours. A New York, dès 1878, la ville fut équipée de bornes d'appel direct vers la police ou les pompiers.

En 1880, le Dr Henri Nachtel fait une communication à l'académie de médecine sur l'organisation du service d'ambulances urbaines hippomobiles de la ville de New York, opérationnel depuis 1860. Ces ambulances sont installées dans tous les hôpitaux. Elles disposent d'un médecin à bord, un interne ambulancier, intervenant dans les plus brefs délais sur les lieux d'accident, où des soins immédiats sont dispensés.

En 1887, il contribue à la fondation des ambulances urbaines et à l'installation de la première station d'ambulances à l'hôpital Saint-Louis. Un système télégraphique relie la station aux arrondissements à forte densité de population.

En 1889, création par la préfecture de la Seine des ambulances municipales qui disposent d'une infirmière. Elles transportent les malades qui doivent se rendre sans urgence à l'hôpital et surtout les patients contagieux. Les deux stations sont installées dans le 12e et le 15e arrondissement. Ces deux types d'ambulances sont des voitures tirées par un cheval et conduites par un cocher. Chaque station d'ambulance fonctionne de façon relativement autonome. Cependant il existe un poste central d'appel (5 avenue Victoria) qui est informé du mouvement des véhicules. C'est ici qu'arrivent les demandes de transport et de là que partent les ordres. Les pharmacies et les postes de police peuvent cependant téléphoner directement à l'hôpital Saint Louis. C'est déjà une amorce de régulation.

Peu avant 1900, les soviétiques ont institué le tri préalable des appels téléphoniques : 1 pour la police, 2 pour les pompiers et 3 pour les stations médicales d'urgence. Ce tri fait gagner un temps précieux et économise un relais intermédiaire pour les interventions médicales.

En 1907, les ambulances urbaines de la préfecture de la Seine sont supprimées.

Le Dr Gray, médecin militaire britannique, pense que le choc induit par le transport peut être atténué par l'immobilisation et l'analgésie et qu'il faut conditionner le blessé avant de le transporter.

Le premier véhicule sanitaire est utilisé en 1913. L'avion sera utilisé comme moyen d'évacuation sanitaire pour la première fois au Maroc vers 1922-1925.

1916, création à Verdun des premières norias de ramassage sur le champ de bataille, encore appelées petites norias.

En 1924, le médecin colonel Charles Cot fait cette constatation : les sapeurs-pompiers appelés pour secourir et dégager les victimes doivent faire appel aux médecins de quartier ou de l'hôpital pour dispenser des soins. Alors médecin-chef des sapeurs-pompiers de Paris, il est ainsi amené à redéfinir les missions du service de santé de son régiment en adaptant au temps de paix les règles militaires de la médecine de l'avant et de la chaîne des secours, élaborées et perfectionnées durant le premier conflit mondial. Il mit sur pied à Paris un service de secours pour les situations urgentes notamment pour les intoxications oxycarbonées. Il ajouta au rôle de sauveteur, celui de secouriste et de médecin en introduisant en médecine d'urgence la règle des trois principes : sauvetage, secourisme, soins médicaux. Estimant que les soins doivent aller à la victime et non l'inverse, il s'insurge contre le transport rapide et sans précautions d'une victime évacuée rapidement vers l'hôpital. Il instaure alors les étapes, parfois fusionnées, d'extraction du milieu agressif, gestes de survie et hospitalisation.

Selon lui, puisqu'il fallait disposer d'un service rapide et efficace, les sapeurs-pompiers constituaient le seul service public permanent « maillé » et déjà spécialisé pour ce type de missions. Il énonça alors les principes essentiels de l'urgence médicalisée.

Premièrement, les soins doivent « aller » à la victime et non l'inverse ; les soins d'urgence (respiration artificielle – oxygénothérapie…) sont polyvalents et susceptibles d'être mis en œuvre dans diverses situations (asphyxie, accident de la voie publique…).

Deuxièmement, le traitement sur place améliore l'état du traumatisé ou de l'intoxiqué ; il convient d'utiliser les moyens de traitement testés, ayant fait leur preuve en milieu hospitalier notamment.

Troisièmement, le transport doit s'effectuer dans un véhicule adapté (ambulance équipée et non simple fourgon) ; les minutes comptent pour diverses urgences qui ne peuvent être appréhendées que sur le « terrain » (voie publique, berge, domicile…).

Immédiatement, il créé les postes de secours fixes et mobiles de la ville de Paris. Il considère que l'ensemble du corps des sapeurs-pompiers de France doit comprendre tout l'intérêt qu'il y a pour le pays à joindre le plus tôt possible, à l'appel pour le feu, le sauvetage ou le dégagement, l'appel pour le traitement d'urgence et les premiers soins que nécessitent les asphyxiés et blessés. Malheureusement les principes du médecin colonel Cot, souvent oubliés au sein même de son régiment, ne seront vraiment réactivés qu'en 1967 par le médecin colonel Robert.

1939-1945, l'armée américaine utilise le Penthotal®, le protoxyde d'azote et des anesthésiques volatiles en circuit fermé. La transfusion sanguine sera utilisée sur le terrain. L'intubation trachéale abandonnée depuis 1896 (Tuffier) sera à nouveau pratiquée. Le remplissage vasculaire des traumatisés en état de choc sera fait sur place et pendant le transport.

En France, le 5 janvier 1949, le ministère chargé de la santé publia la 1ère circulaire relative à l'organisation des secours d'urgence.

En 1956, le Pr Cara créa le 1er service mobile de réanimation de l'assistance publique. Il est installé à l'hôpital Necker, et dispose de respirateurs pour le transport inter-hospitalier des poliomyélites et insuffisants respiratoires dans un rayon de 200 km autour de Paris. Le premier transport, le 26 mai 1956, est celui d'un patient atteint du tétanos qui est amené du nord de la France vers l'hôpital des enfants malades. L'équipage de l'ambulance se compose d'un médecin du laboratoire expérimental de physique, d'un chauffeur et d'une infirmière du service des ambulances de l'assistance publique. Les respirateurs à cuirasse thoraco-abdominale utilisés les premières années sont bientôt remplacés par des appareils portatifs non tributaires d'une source d'énergie puisqu'ils fonctionnaient grâce à des réserves d'oxygène et d'air comprimé.

En septembre 1957, à Salon de Provence, le professeur Bourret donne naissance aux premiers transports primaires en envoyant un médecin directement sur les lieux de l'accident dans un véhicule spécialement équipé et en organisant la coordination des différents partenaires des secours : les sapeurs-pompiers, la police et l'hôpital. Surtout destinées aux accidents de trafic, les antennes mobiles de réanimation vont se créer à partir de cette époque. Il est juste de rappeler que l'idée d'assurer une assistance à domicile et un service médical de nuit avec l'aide des sapeurs-pompiers, et même de réaliser une collaboration entre médecins et sapeurs-pompiers était déjà ancienne à Nancy (Pr Perrin et Pr Ganzinotty en 1912) ; tout comme celle d'associer des sapeurs-pompiers et des « infirmières », regroupées à l'époque dans l'union des femmes de France. De plus, la défense passive (forme ancienne de la protection civile) était bien organisée à Nancy entre les deux guerres, grâce aux efforts conjugués du maire, le Dr Schmitt, du Pr Parisot, du commandant Hanra, du Dr Benech, du capitaine Viet et du capitaine Etienne.

Le ministère chargé de la santé, qui s'est intéressé de très près à ces deux expériences, publie le 27 juillet 1960 une circulaire autorisant la création expérimentale d'antennes de réanimation routière.

Elle permet donc aux pionniers de la médecine d'urgence de sortir hors des murs de l'hôpital. Des essais concluants auront lieu à Nancy, Toulouse, Montpellier, Dijon, Chalon-sur-Saône, Pau, Amiens, Grenoble et Troyes. C'est ainsi que le Pr Larcan créa, en 1962 à Nancy, un service mobile de secours dénommé service SOS ou encore garde urbaine de protection civile et constituant de fait le premier service français d'aide médicale urgente dans une grande ville. Il révolutionne la médicalisation pré-hospitalière en faisant monter des étudiants en médecine (des externes) dans des véhicules sapeurs-pompiers. On les appelait « les médecins SOS ».

Auparavant, beaucoup de blessés arrivaient aux urgences en état de mort apparente faute de soins efficaces et précoces sur le terrain et pendant le transport.

1960 : les premiers gyrophares jaunes orangés apparaissent avec un avertisseur sonore pour les véhicules de police, gendarmerie et de lutte contre l'incendie. Les ambulances restent équipées d'un feu lumineux sur le toit ou d'un drapeau.

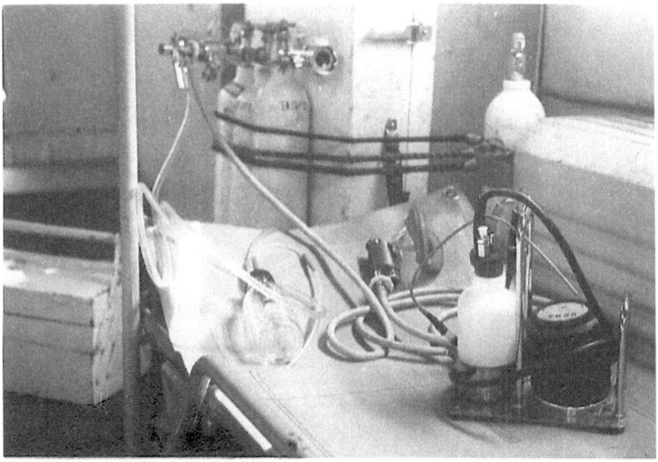

Posé sur le brancard, l'aspirateur de mucosités

1964 : l'expression « aide médicale urgente » est apparue pour la première fois dans la loi belge le 8 juillet 1964 sur « le fond d'aide médicale urgente » grâce auquel les économistes espéraient, bien inconsidérément, résoudre les difficultés soulevées par les urgences médicales.

1965, 2 décrets sont promulgués :

– celui du 2 décembre oblige certains centres hospitaliers à se doter de moyens mobiles de secours et de soins d'urgence.

– celui du 31 décembre, déclare que « l'hôpital se doit de

sortir de ses murs pour porter une assistance médicale à toute personne qui en a besoin ». C'est la naissance des SMUR.

1966, naissance du sigle SAMU (Service d'Aide Médicale Urgente au départ) au ministère de la santé. Il a été tardivement consacré dans une circulaire du ministère de la santé en date du 19 juillet 1972 officialisant le SAMU de Paris. Depuis ce sigle a fait fortune : il est devenu un mot usuel dans les pays francophones.

1967, les Pr Serre et Du Caillard créent un service utilisant des hélicoptères et des ambulances dotés de moyens de transmission téléphonique dont beaucoup de services vont s'inspirer. Ils sont à l'origine du sigle SMUR (Structure Mobile d'Urgence et de Réanimation).

1968 : – création du premier SAMU au Centre Hospitalier Régional de Toulouse par le Pr Lareng.

– à Neufchâteau, devant l'accidentologie routière de l'axe nord sud passant par cette ville, l'anesthésiste réanimateur en poste à cette époque y créait la première ambulance médicalisée des Vosges.

En 1970, face à l'augmentation du nombre des SMUR et de leurs activités, il y a création de salles de régulation coordonnant plusieurs SMUR. C'est la naissance des SAMU proprement dits.

1971 : les véhicules à progression rapide sont divisés en 2 catégories :

– A : véhicules de police, gendarmerie et servant à la lutte contre l'incendie bénéficient désormais de gyrophares bleus tournants

– B : véhicules EDF-GDF et ambulances, dont il importe de faciliter le passage, s'équipent de gyrophares bleus fixes muni d'une lampe clignotante ou à décharge.

En 1978, la circulaire du 22 juin préconisait la médicalisation des secours routiers et l'autre du 6 février 1979 proposait « la coopération entre le service public hospitalier et la médecine privée ». Attribution du « 15 » aux SAMU, numéro de téléphone d'appel gratuit et national pour les urgences médicales et création officiel des centres de réception et de régulation des appels.

1978-1979 : des réflexions sur l'organisation départementale sont initiées au sein de l'hôpital d'Epinal par l'équipe de Direction, les anesthésistes et les chirurgiens.

Les autorités tutélaires (Préfecture, Direction des Affaires Sociales) sont immédiatement preneuses et fournissaient à la fois les argumentaires réglementaires et autorisaient l'exploitation de techniques spécialisées (radiocommunications).

Les hôpitaux de Neufchâteau, Remiremont, Saint-Dié entraient dans la même démarche.

Le Conseil de l'Ordre des Médecins et les syndicats médicaux apportaient leur caution professionnelle.

Des groupes de travail réunissant les partenaires évidents que sont les sapeurs pompiers, les ambulanciers privés et la Sécurité Civile formalisaient les coopérations potentielles.

Simultanément, les autres professions sanitaires proposaient des modèles de leur complémentarité.

Une recherche de consensus global prévalait et les fondateurs de ce mouvement ne se posaient aucune question sur les objectifs, les réalités opérationnelles ou les organisations pointues à mettre en place.

Tous étaient conscients des difficultés mais ancrés dans l'idée de faire au mieux à tous les niveaux.

Fin 70, début 80 : cette période marque pour les

« ambulanciers privés » une mutation professionnelle importante puisque l'encadrement est instauré tant sur le plan des compétences que des organisations sectorielles.

Dans ces conditions et le plus naturellement, bien avant l'heure de certains référentiels ou schémas régionaux, le SAMU des Vosges et les SMUR d'Epinal, Neufchâteau, Remiremont et Saint-Dié optent pour un partage rationnel des compétences et moyens :

- les hôpitaux fournissent les équipes médico-soignantes,
- les transporteurs sanitaires et les sapeurs pompiers les moyens matériels et humains de transport des victimes

1984 : c'est la fin de « Police-Secours ». Depuis le milieu du XX ème siècle, la police participait à l'aide médicale urgente grâce à leur fameux véhicule. Mais en 1984, ce service s'arrête pour la police et elle confiée aux sapeurs-pompiers. Toutefois, la CRS continue de participer à l'aide médicale urgente sur les plages ou en montagne.

1984, gestion informatique des informations et des appels. Sa mise au point a été réalisée par le centre régional d'informatique hospitalière de Clermont-Ferrand.

Il faudra encore attendre la loi n° 86-11 du 6 janvier 1986 et le décret d'application du 16 décembre 1987 relatifs à l'aide médicale urgente et aux transports sanitaires pour que les SAMU et SMUR aient une reconnaissance légale de leur existence et qu'un SAMU soit créé dans chaque département. Cette loi définit l'aide médicale urgente qui a pour objet de faire assurer aux malades, blessés et parturientes (femmes enceintes), en quelque endroit qu'ils se trouvent, les soins d'urgence appropriés à leur état. Chaque SAMU doit être interconnecté, dans le respect du secret médical, avec les dispositifs des appels destinés aux services de police et aux services d'incendie et de secours.

Enfin, le décret n° 97-620 du 30 mai 1997 fixe les conditions d'autorisation et de fonctionnement des SMUR.

La médecine d'urgence reste donc une idée relativement neuve issue des années 60 et consécutive à de nombreux accidents de la route, notamment sur la nationale 7, (17 000 décès en 1972) où les victimes décédaient la plupart du temps pendant leur transport vers l'hôpital ; d'autre part, une étude de Schœmaker a montré en 1988 que la défaillance multi-viscérale, cause de mortalité tardive en cas de polytraumatisme, était principalement due à l'hypoxie des tissus qui s'installe avant une prise en charge médicale efficace. La victime nécessitait donc des soins sur place, il fallait la stabiliser avant de la transporter, et notamment en cas d'hémorragie, compenser la perte de sang par une perfusion pour rétablir une tension artérielle correcte. Cette méthode est appelée par les anglais stay and play, littéralement « rester et jouer », dans le sens « agir sur place ».

Les États-Unis ont développé une approche différente. Ils ont, eux, remarqué que, pour les traumatismes graves, les victimes décédaient dans les premières heures. Notamment, en cas d'hémorragie interne, seule une opération chirurgicale peut sauver la victime. Il fallait donc que la victime puisse être sur la table d'opération en moins d'une heure – c'est le concept de golden hour (heure d'or). Ils ont donc développé une structure basée sur des ambulances sans médecin, avec du personnel paramédical (EMT-P, emergency medical technician-paramedic) formé à des gestes médicaux, comme l'intubation oro-trachéale, la pose d'une voie veineuse périphérique (perfusion), l'administration de certains médicaments (bronchodilatateurs, adrénaline), mais sans possibilité d'initiative si le cas sort des protocoles prévus. Ces paramedics évacuent la victime le plus rapidement possible vers un trauma center (centre hospitalier), la méthode est appelée scoop and run (charger et courir).

Les deux méthodes présentent des avantages et sont légitimes. Profitant de l'expérience de l'Amérique du Nord, la France a fait évoluer son système :

– profiter du temps incompressible, par exemple désincarcération d'une victime pour pratiquer les gestes médicaux, mais réduire les gestes avant l'évacuation afin de respecter l'heure d'or, c'est le play and run (agir et courir)

– s'attacher à avoir une pression sanguine minimale et non plus une pression « normale », compléter le remplissage vasculaire (perfusion) par des médicaments vasopresseurs et un pantalon antichoc

– la possibilité d'utiliser un défibrillateur semi-automatique, qui équipe maintenant les ambulances privées en garde préfectorale, les Véhicules de Secours et d'Assistance aux Victimes (VSAV) des sapeurs-pompiers et de nombreuses associations de secourisme

– l'intervention d'infirmiers pouvant appliquer des protocoles d'urgence écrits, et pouvant exécuter des prescriptions transmises par radio par le médecin régulateur du Samu. Ces infirmiers protocolés sont des infirmiers sapeurs-pompiers. Ce dernier point, appelé « paramédicalisation à la française » ou parfois « infirmiérisation des secours », permet à la victime de disposer de gestes médicaux de manière plus rapide. En effet, le système d'urgence français est confronté actuellement à un problème d'effectif, or, il faut 7 ans pour former un médecin, 3 ans pour former un infirmier. On espère donc pouvoir disposer d'un maillage plus serré d'infirmiers sapeur-pompiers que de Smur. Par rapport au système nord-américain (EMT-P), les infirmiers sapeurs-pompiers disposent d'une possibilité d'initiative grâce à la prescription médicale par radio.

Depuis, le terme de SAMU a été repris par certains autres pays francophones (Algérie, Bénin, Cameroun, Côte d'Ivoire, Luxembourg, Maroc, Sénégal, Tunisie), des pays lusophones comme le Serviço de Atendimento Móvel de Urgência au Brésil ou des pays hispanophones Samu, Same, ou encore Sistemas de atencion médica de urgencias y emergencias en Argentine.

« Au cours des années, le comportement des personnes qui appellent a changé. Elles sont de plus en plus demandeuses et agressives. C'est beaucoup d'assistanat. Certaines personnes appellent pour qu'on leur donne un numéro de téléphone ou encore font le 15 car ils n'ont plus d'unités sur leur portable et attendent qu'on les transferts vers un autre portable. » une permanencière du centre 15

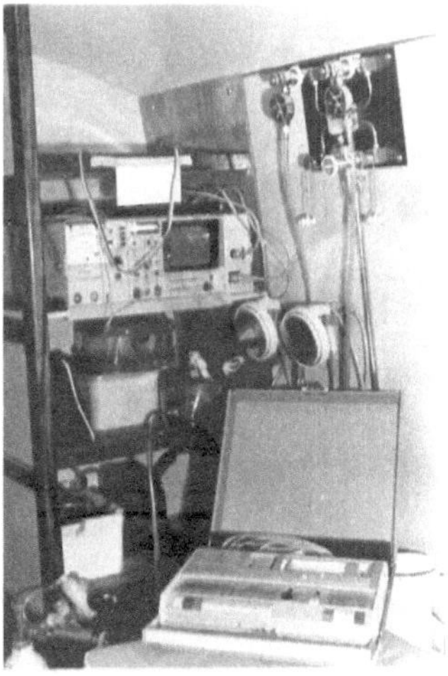

Matériel de mesure des paramètres et de défibrillation

L'exemple nancéien

En 1960, le corps de sapeurs-pompiers de Nancy, service public composé d'une centaine de professionnels et disposant en permanence d'un Véhicule de Secours aux Asphyxiés et Blessés (VSAB), apparaît au Pr Larcan comme étant le plus qualifié pour assurer un système performant de secours d'urgence : « Leur liaison avec les services de police, la compétence et la disponibilité habituelle de leur personnel sensibilisé à l'alerte et à l'intervention urgente, l'équipement radio-téléphonique dont ils disposent généralement, la présence d'au moins deux personnes par véhicule et leur désintéressement absolu constituent une supériorité manifeste sur les autres moyens ».

A son initiative et grâce au soutien de M. Jean Gervais, Préfet de Meurthe-et-Moselle, un accord intervient entre les diverses autorités locales concernées par l'organisation des secours d'urgence : protection civile, service d'incendie et de secours, direction et inspection de la santé et de la population, faculté de médecine, ville de Nancy, Centre Hospitalier Régional Universitaire… afin d'assurer un traitement pré-hospitalier aux malades et blessés au cours des opérations de relèvement et de transport. L'arrêté de création est pris par le Préfet de Meurthe-et-Moselle le 5 novembre 1962. Le jour même, la garde s'établit.

Ainsi naquit le service SOS de Nancy, l'un des premiers SMUR français et sans conteste possible le premier SMUR urbain faisant collaborer sapeurs-pompiers et médecins de l'urgence détachés du centre hospitalier régional. Localisé en dehors de l'hôpital, dans les locaux de la caserne de sapeurs-pompiers, rue Gambetta, il est sollicité par l'intermédiaire du « 18 ». Bien qu'à cette époque il ne porte pas encore la dénomination de SMUR, il est destiné à assurer un meilleur transport et un éventuel traitement médical pré-hospitalier dans de nombreuses circonstances comportant des urgences médicales et chirurgicales : relèvement et premiers soins donnés à un polytraumatisé ; assistance respiratoire et cardiovasculaire à un asphyxié, un noyé, un intoxiqué... Ainsi la polyvalence était d'emblée soulignée. Pendant des gardes de 24h, un médecin volontaire détaché par le centre hospitalier (interne ou externe) et spécialement formé à la médecine d'urgence (diagnostics et techniques) assure les soins des patients qui sont transportés dans une ambulance de sapeurs-pompiers de mieux en mieux équipée au fil des ans pour les différentes missions. Toute demande de transport urgent est transmise au standard téléphonique des sapeurs-pompiers au « 18 ». Les délais d'intervention sont aussi brefs que ceux du départ au feu puisque le médecin prend sa garde dans le centre de secours et part directement dans le VSAB (Véhicule de Secours aux Asphyxiés et Blessés).

Dans les textes fondateurs de ce service public pré-hospitalier, résultant de la collaboration Service Départemental d'Incendie et de Secours/Centre Hospitalier Régional Universitaire, figurent le statut du personnel médical, le matériel choisi, l'organisation de la garde, les indemnités et assurances et bien entendu la formation, l'encadrement et les responsabilités de chacun (matériel fourni par les sapeurs-pompiers, pharmacie par le CHRU, assurances à double couverture sapeurs-pompiers/CHRU). Le personnel est détaché par le CHRU (Centre Hospitalier Régional Universitaire) et mis à la disposition du SDIS (Service Départemental d'Incendie et de Secours).

Ainsi, les principes énoncés en 1924 par le médecin colonel Cot, judicieusement remis en vigueur par les médecins-chefs de la BSPP (Brigade de Sapeurs-Pompiers de Paris), les médecins-colonels Robert et Noto à Paris, sont appliqués pour la première fois au sein d'un service d'urgence public civil à Nancy. On peut souligner leur double aspect original et précurseur :

– original car l'action comporte 3 composantes : le sauvetage (tirer hors du péril), le secours (porter aide) précédant ou associant le soin médical de « l'avant » lui-même précédant le soin hospitalier.

– précurseur car il associe l'intervention de secours rapides et efficaces grâce aux moyens des sapeurs-pompiers et aux médecins formés à l'urgence, détachés par l'hôpital et localisés dans un centre de secours allant vers la victime, secondés par un personnel secouriste entraîné. Qui plus est, il traite de façon globale des situations de détresse médicales, chirurgicales, obstétricales, à l'exclusion de la néonatalogie qui fera, par la suite, l'objet de dispositions particulières, impliquant toujours le même abord de soins immédiats (diagnostic rapide, mise en condition de survie et de transport). Enfin, il met en œuvre des moyens de transport appropriés avec un matériel adapté et sans cesse perfectionné : VSAB et ambulances de réanimation avec surveillance médicale pendant le trajet. C'est ainsi que fut mis en place de véritables SMUR extrahospitaliers « unifiés ».

L'action entreprise est consacrée et pérennisée par la convention du 1er janvier 1970, en application de l'arrêté du 2 décembre 1965, passée entre le Service Départemental d'Incendie et de Secours et le Centre Hospitalier Régional Universitaire. Le premier fournit les véhicules, le matériel et le personnel sapeur-pompier. Le second, par l'intermédiaire de la sécurité sociale et sous l'égide de la Direction Départementale des Affaires Sanitaires et Sociales (DDASS), rembourse les interventions. A compter du 1er octobre 1971, compte tenu de la réorganisation des études médicales et de l'extension du service à Toul et Lunéville, les étudiants ne sont plus détachés par le CHRU mais affectés à temps plein au service par les Unités d'Enseignement de la Recherche (UER). Le service sera étendu à Pont-à-Mousson le 9 janvier 1973. Ils sont engagés, rémunérés et assurés par le SDIS. Les médecins formés par le CHRU sont détachés du centre hospitalier, encadrés par un médecin responsable du service de réanimation et rémunérés par le SDIS. La direction technique reste assurée par le Pr Larcan, d'abord en tant que conseiller technique médical départemental en matière de protection civile, puis en tant que directeur du SAMU à partir de 1970. Le SDIS, financé par le conseil général de Meurthe-et-Moselle, et l'ensemble des communes du département assurent peu à peu la totalité des dépenses et perçoivent la totalité des remboursements des transports selon les tarifs fixés par arrêté préfectoral. Les conventions du 20 juin 1986 et du 30 octobre 1987 prennent en compte la réglementation qui confirme le CHRU comme organisateur du SAMU, ainsi que le décret du 11 août 1983 relatif au financement des hôpitaux publics. Ces conventions précisent le rôle du SDIS et du CHRU, les moyens en personnel, en matériel, transmissions et le fonctionnement financier. Il s'agit dès lors d'interventions où les sapeurs-pompiers agissent en tant que prestataires de service pour le compte du SAMU et des hôpitaux, au-delà de leurs missions de base considérées comme gratuites. Ainsi, le secours d'urgence et sa médicalisation a pu s'adapter chez les sapeurs-pompiers à l'évolution des besoins et des techniques, passant du médico-secourisme des premiers temps à une véritable réanimation pré-hospitalière.

Les techniques évoluent et c'est ainsi qu'en 1967 le SDIS se nanti d'un Caisson Mobile d'Oxygénothérapie hyperbare (CMO) destiné surtout au traitement précoce sur le site des intoxications oxycarbonées aigües. Un travail réalisé en commun avec le service de santé de la Brigade de Sapeurs-Pompiers de Paris concrétise les résultats et la tactique d'intervention. A partir de 1972, on développe les techniques de télémétrie de l'électrocardiogramme (ECG) en collaboration avec les cardiologues du centre hospitalier, et surtout on sensibilise les équipes à l'urgence cardiaque (arrêt cardio-respiratoire, œdème aigüe du poumon et infarctus du myocarde) avec les techniques de défibrillation et d'entrainement électrosystolique externe. Les traitements adaptés à l'urgence cardiaque (Xylocaïne, thrombolyse) seront mis en œuvre dans une ambulance dite coronarienne, avant que tous les véhicules banalisés de réanimation ne disposent des mêmes appareils. Plus récemment, le service a adopté le pantalon anti-choc.

En 1985, le premier Poste Médical Avancé (PMA) de France est créé en Meurthe-et-Moselle. Il a fait depuis largement école sur l'ensemble du territoire national. De nombreux exercices, et notamment celui de Tellancourt en 1989, ont montré que le système de tri médical, soins et évacuation fonctionnaient parfaitement. Un véhicule PMA unique a par ailleurs l'inconvénient d'être long à arriver sur un site éloigné de son centre. C'est ainsi que chaque centre de secours principal (CSP) du département 54 a été doté d'un Poste de Secours Avancé (PSA) sur remorque, soit 7 au total. Ceci permet d'atteindre tout site d'Accident Catastrophique à Effets Limités (ACEL) en 20 à 30 minutes avant d'être renforcer par d'autres PSA selon le principe de la montée en puissance des moyens. Le PMA, quant à lui, est basé à Saint-Nicolas-de-Port.

En 1988, une structure de coordination médicale opérationnelle est créée avec un médecin « sénior ». Docteurs en médecine, spécialisés en aide médicale urgente (diplômés d'oxyologie, de réanimation médicale et de médecine de catastrophe), ils sont à la fois attachés des hôpitaux dans le cadre du SAMU, et médecins sapeurs-pompiers représentant le SAMU à l'état major des sapeurs-pompiers. Supervisant l'ensemble de l'activité de régulation et de coordination opérationnelle, ils peuvent décider de se rendre sur place en fonction des comptes-rendus et premiers messages de médecins ou secouristes présents sur les lieux. Ils disposent pour ces missions d'un Véhicule Radio Médicalisé (VRM). Leur action concerne surtout les SMUR de Nancy mais aussi les centres de secours proches, hors district. Ils peuvent également être saisis par les SMUR du département pour toute affaire sérieuse, mettre en œuvre l'hélicoptère et constituer la première autorité médicale intervenant en cas de déclenchement du plan rouge.

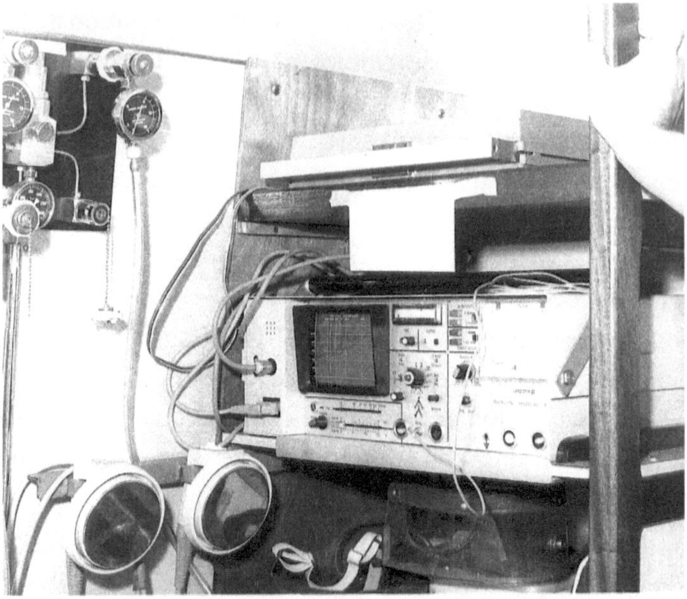

Ancien scope. En bas à gauche de la photo, les palettes de défibrillation

Le service SOS en Meurthe-et-Moselle a été conçu par le Pr Larcan à partir de 7 grands principes :

- 1er principe : intervention rapide des commandos de prompt secours pour des situations nécessitant des interventions quasi-immédiates. Celles-ci ont un caractère polyvalent (chirurgical, médical, obstétrical…) mais elles utilisent les mêmes techniques dans l'urgence. Les équipes associant sauveteurs, secouristes et médecins sont polyvalentes (accident de la voie publique, urgence cardiaque…). Les véhicules disposent de personnels compétents, entraînés, suffisamment nombreux et de matériel adéquat. Ainsi sont associés le sauvetage, si nécessaire, les secours et les soins d'urgence.

- 2ème principe : sectorisation de l'intervention. Les SMUR sont répartis tous les 20 à 30 km, associés et intégrés au maillage du réseau sapeurs-pompiers.

– 3ème principe : collaboration entre SDIS/SAMU/centres hospitaliers. La mission extrahospitalière de secours et soins d'urgence est assurée par les sapeurs-pompiers disposant de tous les moyens nécessaires (personnel et matériel) et d'une médicalisation de type SMUR ou SSSM (Service de Santé et de Secours Médical) sapeur-pompier. Les transmissions sont effectuées entre tous les véhicules et les hôpitaux receveurs. L'hôpital « accueille » les urgences. Ainsi, dans le respect des missions et des compétences de chacun, la meilleure prise en charge possible d'une situation urgente est assurée dans des contextes très variés (voie publique, lieu public, lieu de travail, local de sport, domicile, sinistre, circonstance exceptionnelle). La collaboration avec les praticiens et les ambulances privées est sollicitée lorsqu'elle apparaît opportune et une même réponse est apportée, quelle que soit l'origine de l'appel (15, 18,…), par des partenaires appliquant une même stratégie et surtout une même tactique servie par les mêmes moyens.

– 4ème principe : unification de la chaîne des secours à composante médicale, dès lors qu'elle est nécessaire, ainsi que la symbiose entre les missions d'exécution (SMUR, sapeurs-pompiers) et les missions d'écoute assurées conjointement par le Centre 15 et le Centre de Traitement de l'Alerte (CTA 18), interconnectés et en liaison permanente. Il n'y a ni hiérarchie des dispositifs, ni subordination de l'un à l'autre ; même si le CTA de Nancy a une mission surtout opérationnelle pour les moyens sapeurs-pompiers et le SAMU un rôle de renseignements sanitaires, de collaboration avec les praticiens et un rôle plus spécifique de coordination des transports secondaires et autres.

– 5ème principe : il consiste à privilégier l'esprit et non la lettre avec réalisme, bon sens et pragmatisme.

– 6ème principe : il concerne le souci d'économie et le meilleur rapport coût/efficacité, en évitant soigneusement le double emploi, les redondances, les services parallèles voire concurrents.

– 7ème principe : il prévoit, lors de circonstances exceptionnelles, la montée en puissance des moyens normaux déjà entrainés dans le quotidien ; ce qui permet de réunir des forces importantes.

« C'est un métier qui apprend la rigueur, l'anticipation et la gestion du stress. » une infirmière

Enseignement

L'article 6 du décret du 16 décembre 1996 conforte les SAMU dans leur rôle de formation. Le décret du 22 mai 2006 donne au SAMU la mission d'apporter, avec les CESU (Centre d'Enseignement et de Soins d'Urgence), son concours à la formation des professionnels de santé. Le décret du 25 mars 2007 définit les modalités de fonctionnement de ce centre et positionne les CESU comme « école des SAMU ».

L'IRFA Lorraine :

De 1974 à 2001, l'IRFA (Institut Régional de Formation des Ambulanciers) a organisé deux sessions annuelles formant 70 ambulanciers, en 2002 deux sessions formant 80 personnes et depuis 2005, deux sessions de 50 personnes. La profession d'ambulancier s'est enrichie en 2006 d'une nouvelle formation : les auxiliaires ambulanciers. Depuis, l'IRFA forme annuellement 160 personnes à ce nouveau métier.

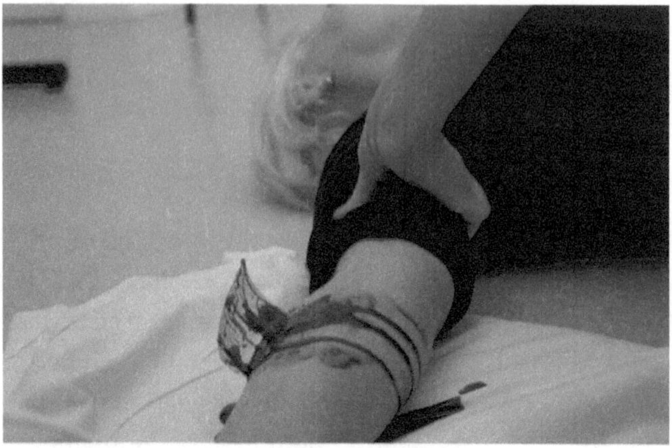

Martine, aide-soignante, simulant un saignement abondant avec présence de corps étranger

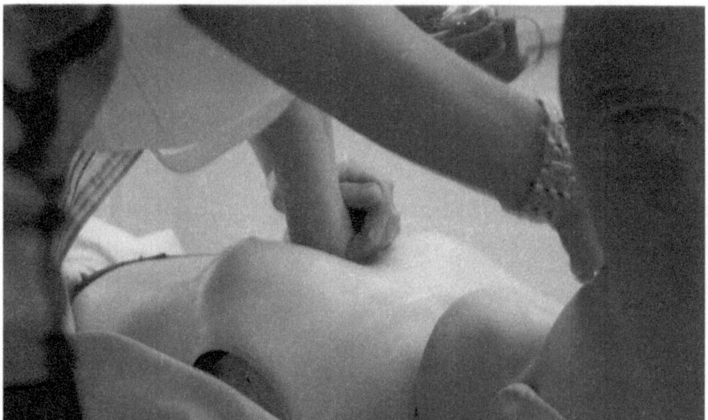

Apprentissage en équipe des gestes qui sauvent

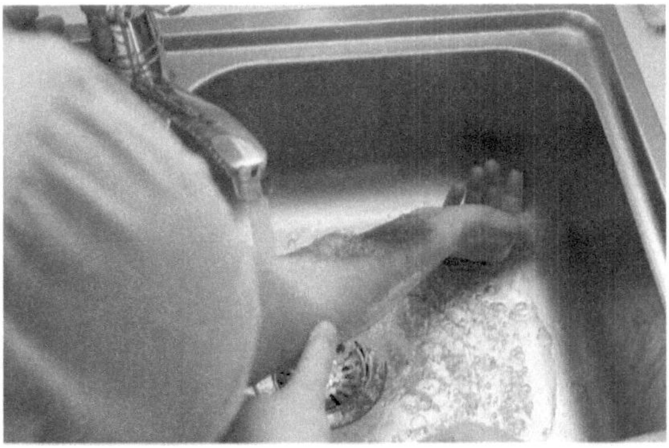

Face à une brûlure, arroser dès que possible sous l'eau froide pendant 5 minutes au moins en laissant ruisseler l'eau sans pression sur la brûlure

« En tout cas, je ferai des compliments sur les gens du samu. Sympa, dynamique, rapide. Chapeau ! » Robert, un patient

Les missions du CESU

– contribuer à la formation initiale et continue relative à la prise en charge de l'urgence médicale, en situation quotidienne ou d'exception, ainsi qu'à la formation relative à la gestion de crises sanitaires, pour les professionnels de santé. L'enseignement dispensé va des gestes élémentaires de survie aux conduites médicales en spécialité de médecine d'urgence par exemple.

– participer à la recherche en pédagogie appliquée, la promotion de l'éducation à la santé et à la prévention des risques sanitaires.

Les CESU participent activement à la formation des élèves et étudiants des écoles, facultés, instituts paramédicaux de la région, des personnels hospitaliers, des personnels infirmiers du SSSM (Service de Santé et de Secours Médical), des personnels de l'éducation nationale et de façon plus générale à la formation de tout acteur de santé concernant les soins d'urgence.

Les formations délivrées sont très diverses et répondent aux textes de loi du 9 août 2004, à l'arrêté du 30 décembre 2014, et la circulaire du 10 mai 2006 qui encadrent ces enseignements :

P.S.C.1 (Prévention et Secours Civiques de niveau 1)

A.F.G.S.U. (Attestation de Formation aux Gestes et Soins d'Urgence 1 et 2)

A.F.G.S.U. spécialisée Nucléaire, Radiologique,

Biologique, Chimique et Explosif

Formation de formateurs aux gestes et soins d'urgence en Lorraine

Formation d'adaptation à l'emploi des permanenciers, des ambulanciers SMUR

Participation aux actions de formation dans les facultés, en collaboration avec le Service Inter Universitaire de Médecine Préventive et de Promotion de la Santé (S.I.U.M.P.P.S.)

Formation continue de médecins, infirmiers et autres personnels soignants d'horizons variés tels que l'Institut National de Recherche et de Sécurité, les clubs sportifs, les dentistes…

L'habillage en Tenue Légère de Décontamination (TLD) fait partie de la formation aux gestes et soins d'urgence

CESU 54

Le 16 novembre 1973, le conseil d'administration du CHU Nancy (Centre Hospitalier Universitaire) a décidé, en application du décret du 27 mars 1973 et de la circulaire du 26 juin 1973, de la création d'un centre de formation des personnels participant aux secours médicaux d'urgence – formation des ambulanciers. Ce centre de formation, situé initialement à l'hôpital Marin puis à l'hôpital Saint Stanislas, s'est dédoublé et est devenu, d'une part, l'IRFA et, d'autre part, le CESU 54. Ils occupent maintenant les 2ème et 3ème étages de la Tour Marcel Brot, quai Joseph Cugnot à Nancy. L'enseignement est réparti sur 2 salles de 60 places pour les cours magistraux et 6 salles de 15 places pour les petits groupes et travaux pratiques, 4 salles d'enseignement pour 20 personnes, un amphithéâtre de 250 places et une chaine de décontamination NRBCE. Chaque salle de travaux pratiques est équipée de mannequins et autres matériels pédagogiques. Un effort tout particulier a été apporté à la qualité de la sonorisation et de l'éclairage, ainsi qu'aux moyens de vidéo projection. De plus une salle Nucléaire, Radiologique, Biologique Chimique et Explosif (NRBCE), avec une chaine de décontamination a été créée afin de mettre en situation les stagiaires.

Le CESU 54 est cité pour la première fois dans l'arrêté du 26 juillet 1995.

En 2009, le CESU 54 a dispensé 1052 AFGSU de niveau 1, 1403 AFGSU de niveau 2 et 3 (AFGSU spécialisée). Au total, 4161 attestations ont été délivrées grâce au partenariat avec d'autres structures.

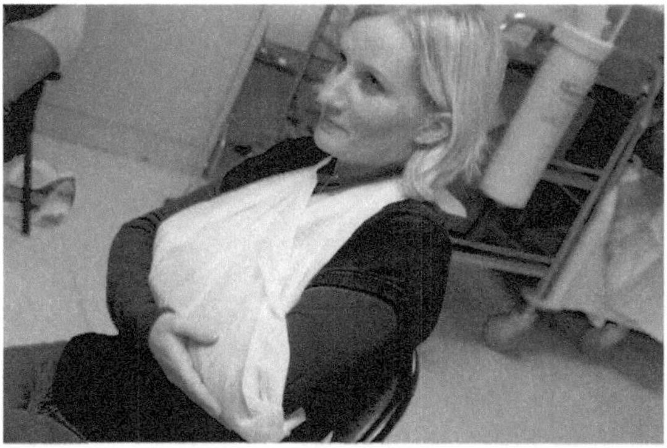

Echarpe simple

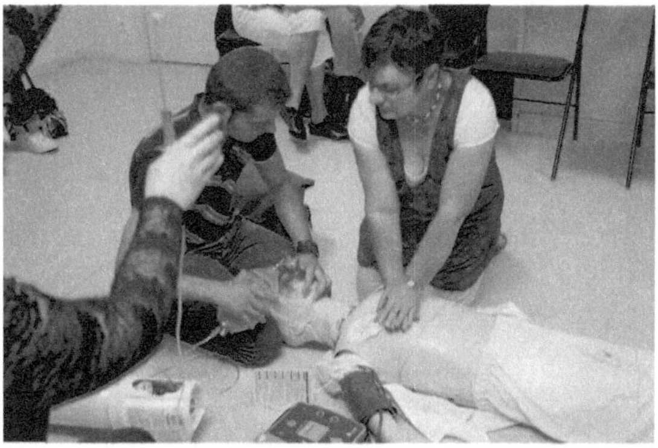

Les élèves sont des professionnels de santé issus de toute la Lorraine

Ici la mise en scène a lieu… dans des toilettes

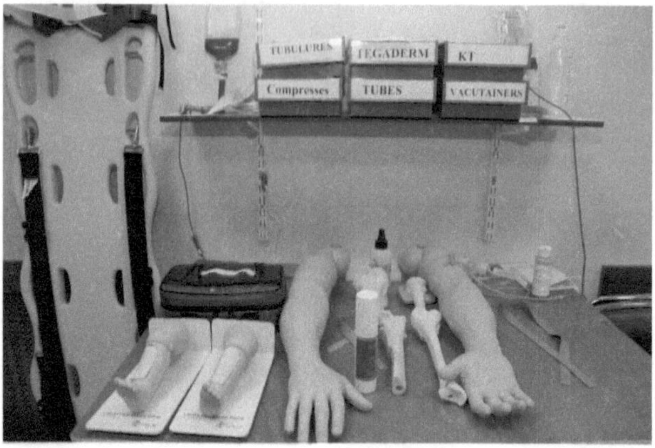

Une zone d'entrainement sur la traumatologie et l'abord veineux

CESU 55

En Meuse, le CESU 55 existe depuis 2007. Des praticiens hospitaliers et des infirmiers urgentistes partagent leur connaissance lors de formations à l'urgence. En 2011, les formateurs ont réalisé 8 AFGSU 1, 1 AFGSU 2, 40 AFGSU 1 et 2 et une formation NRBC.

CESU 57

Il existe depuis 2009.

CESU 88

– 1981 : toutes les permanencières sont monitrices de secourisme ;

– 1987 : début des formations de masse avec 1200 élèves formés simultanément ; expérience régulièrement renouvelée chaque année avec des groupes de 200 à 500 jeunes ; même expérience pour des adultes de tous horizons (enseignants, assistantes maternelles), incluant certains groupes marginaux (justice, handicapés,…)

– 1992 : premiers enseignements sur la défibrillation semi-automatique intégrés dans un ensemble de base et avancés en 4 sessions ; anecdotiquement tous les services du centre hospitalier d'Epinal disposaient in situ d'un DSA en 1996

– chaque année : cours aux diverses professions de santé dans le cadre des cursus initiaux (Instituts de Formation en Soins Infirmiers, d'Aides Soignantes,...) ou de perfectionnement (médecins, chirurgiens dentistes, kinésithérapeutes,...) ;

• intégration dans des enseignements spécialisés (Défense Nationale, Education Nationale, SDIS, Equipement national et départemental, Préfecture,...) ;

• activité de prévention (journées de sécurité routière, risques en entreprise,...).

Le titre de Centre d'Enseignement des Soins d'Urgence (CESU 88) est venu entériner cette expérience.

« Dans l'action je pense au travail que j'ai à accomplir. J'anticipe dès que possible. » un infirmier

Alerte

L'alerte est l'action qui consiste à informer un service d'urgence de la présence d'une ou plusieurs victimes affectées par une ou plusieurs détresses ainsi que la nature de l'assistance qui leur est apportée. Dans ce contexte, l'absence d'information d'un service d'urgence peut compromettre la vie ou la santé d'une victime malgré les premiers secours assurés par un sauveteur. La vie de toute personne peut, un jour ou l'autre, être menacée par un accident ou une maladie brutale. En France, les secours et les soins sont organisés. Il existe des structures publiques ou privées adaptées à ces détresses, chacune a un rôle précis (SAMU, sapeurs-pompiers, police, gendarmerie, hôpitaux, cliniques, ambulanciers, professions de santé). Toute personne témoin d'une situation de détresse doit, après avoir protégé, alerter les secours et pratiquer des gestes pouvant conserver une vie en attendant leur arrivée. Chacun peut donc être le premier maillon de la chaîne de secours.

Tout citoyen français se doit de porter secours et assistance à une personne en péril, l'article 223-6 du code pénal le définit :

« Quiconque pouvant empêcher par son action immédiate, sans risque pour lui ou pour les tiers, soit un crime, soit un délit contre l'intégrité corporelle de la personne s'abstient volontairement de le faire est puni de cinq ans d'emprisonnement et de 75 000 euros d'amende. Sera puni des mêmes peines quiconque s'abstient volontairement de porter à une personne en péril l'assistance que, sans risque pour lui ou pour les tiers, il pouvait lui prêter soit par son action personnelle, soit en provoquant un secours. »

L'alerte, transmise aux services d'urgence par les moyens les plus appropriés disponibles, doit être rapide et précise pour diminuer les délais de mise en œuvre de la chaîne de secours et de soins. Tout retard et toute imprécision peuvent concourir à l'aggravation de l'état de la victime. On décidera de donner l'alerte :

– à l'occasion de toute situation présentant des risques ou lorsqu'une vie est en danger

– après une évaluation rapide et succincte de la situation et des risques.

C'est ainsi que se vérifie le principe de protéger, alerter, secourir.

Le plus souvent les secours seront contactés par le biais :

– d'un téléphone fixe ou mobile,

– d'une cabine téléphonique,

– d'une borne d'appel (qui est reliée directement à un service de secours).

En France, il y a 5 numéros d'urgence :

– 15 : SAMU : sera développé plus loin.

– 18 : Sapeurs-pompiers : ils interviennent dès qu'il y a besoin de secours d'urgence. Leurs actions se portent notamment sur la protection des personnes, des biens et de l'environnement et le sauvetage des animaux. Ils vont aussi apporter des secours d'urgence aux personnes victimes d'accidents, de sinistres ou de catastrophes et leur assurer une évacuation (article L.1424-2 du code général des collectivités territoriales). Leurs interventions concernent donc le secours à personnes, les incendies, accidents de la voie publique, pollutions, problèmes liés au gaz ou à l'électricité etc... En France, le « 18 » est opérationnel depuis le décret du 9 février 1928.

– 17 : Police ou gendarmerie : en fonction du lieu de votre appel, vous serez dirigé vers l'un de ces deux services.

Ce numéro peut être composé dès qu'il y a troubles de l'ordre public, violences urbaines, actes de délinquance, actes de terrorisme...

– 112 : Numéro d'appel d'urgence européen : il permet de joindre un service d'urgence dans tous les pays de l'union européenne à partir d'un téléphone fixe ou mobile. Néanmoins, il ne se substitue pas aux autres numéros nationaux.

Face à l'augmentation des déplacements au sein de l'Europe, et aux vues des divergences de numéro d'appel d'urgence entre les pays de l'Union, le Conseil a émis en 1989 la nécessité d'introduire un numéro unique. Le 29 juillet 1991, une décision rend obligatoire la création du « 112 » pour les pays de l'Union. La mise en place de ce numéro n'a pas été simple, par exemple, en France, il a été nécessaire d'attendre le remplacement des autocommutateurs téléphoniques au moment du passage à 10 chiffres.

Le « 112 » est maintenant effectif dans tous les pays de l'Union depuis le 1er janvier 1997.

« L'autre jour, un monsieur fait le 15 car sa femme a mal aux dents. Il vient de prévenir le dentiste de garde, et il trouve anormal que le dentiste lui demande de se déplacer à son cabinet ; lui veut que celui-ci vienne en consultation à son domicile. Alors il fait le 15 car pour lui c'est une

urgence. » une permanencière

Lorsqu'on compose le « 112 » en France l'appel est dirigé vers un opérateur du « 18 » ou du « 15 » en fonction des départements. Ils peuvent être aidés par un service de traducteurs d'urgence qui est un réseau de traducteurs joignables 24h/24 sur portables. Cependant les opérateurs sont de plus en plus formés pour recevoir les appels en anglais. De plus, désormais le célèbre « 911 », numéro d'urgence des Etats-Unis peut être composé en France depuis un portable. Cette nouveauté permet aux touristes américains d'être mis en relation avec un service de secours, via le « 112 », même s'ils ne connaissent pas les numéros de nos services de secours.

– 115 : SAMU social : ce service vient en aide aux sans-abris. Il est renforcé en période hivernale, du 1er novembre au 31 mars.

Le 114 : Il existe en France, environ 4 millions de personnes sourdes ou malentendantes. Or la déficience auditive peut conduire à des mises en danger, compte-tenu de l'impossibilité pour les personnes concernées de communiquer avec les services de secours (le 15, le 17, le 18). Pour y remédier, la loi n°2005-102 du 11 février 2005 pour l'égalité des droits et des chances, la participation et la citoyenneté des personnes handicapées (article 78), le décret du 14 avril 2008 relatif à la réception et à l'orientation des appels d'urgence des personnes déficientes auditives et le plan national 2010-2012 en faveur des personnes sourdes ou malentendantes, ont prévu la mise en place d'un centre national relais.

La création de ce centre est le fruit du partenariat entre les pouvoirs publics, des associations et des opérateurs de téléphonie. Chargé de la réception et de l'orientation des appels d'urgence pour les personnes sourdes ou malentendantes, ce centre a ouvert depuis le 14 septembre 2011.

Ce nouveau numéro d'urgence national unique et gratuit est ouvert 24h/24. Il est accessible dans un premier temps exclusivement par fax ou par SMS. Il ne reçoit pas les appels vocaux téléphoniques. Pour des raisons techniques, le « 114 » concerne dans un premier temps le territoire métropolitain. Il sera ouvert dans une phase ultérieure aux départements et territoires d'Outre-Mer.

Les appels émis vers le « 114 » arrivent dans le centre relais national implanté au Centre Hospitalier Universitaire de Grenoble chargé de son exploitation. Ce centre fonctionne selon un mode innovant : l'équipe est composée de professionnels sourds et entendants spécifiquement formés, qui se répartissent l'analyse et le traitement des appels. Ils communiquent avec la personne sourde ou malentendante et lui demandent si besoin des renseignements complémentaires afin de déterminer si la demande urgente concerne la santé (fracture, étouffement…), la sécurité (agression, disparition d'une personne…), ou un danger (feu, gaz,…).

Si ces professionnels constatent qu'il y a vraiment une urgence, ils transfèrent ensuite la demande au service d'urgence (SAMU, sapeurs-pompiers ou police/gendarmerie) le plus proche de la personne qui a contacté le « 114 ». Le service d'urgence local décide alors de l'action à entreprendre (intervention, conseil…), comme il le fait habituellement pour tout appel téléphonique.

Le 1616 : Secours en mer. Apparu le 1er juillet 2004, le

numéro d'appel unique « 1616 » disparu en 2011. Il permettait aux usagers, lorsqu'ils étaient témoins d'un évènement maritime ou inquiets au sujet d'un proche qui se trouve en mer, de contacter à partir d'un téléphone portable le Centre Régional Opérationnel de Surveillance et de Sauvetage (CROSS). Ce numéro d'appel était toutefois un moyen d'alerte complémentaire qui ne devait pas se substituer à la radio pour les navigateurs qui se trouvaient en mer. En effet, la veille permanente sur le canal VHF 16 facilite la localisation des navires en détresse et permet aux sauveteurs de communiquer avec les personnes qui réclament une assistance. Il est aujourd'hui remplacé par le « 112 ».

Le message d'alerte doit comporter :

- le nom et le numéro de téléphone de l'appelant ou encore de la borne d'appel
- la localisation précise du lieu de l'accident (ville, rue, entrée, code d'accès, numéro de porte, numéro d'autoroute, le sens…)
- la nature du problème (malaise, douleur thoracique, saignement abondant…)
- le nombre de victimes
- leur état apparent
- les gestes effectués
- les risques particuliers (numéro des plaques orange des véhicules transportant des matières dangereuses…)

Mais surtout ne jamais raccrocher le premier afin de permettre à l'opérateur de vous donner des conseils et de prendre les renseignements qui lui manque.

Tous les numéros d'urgence sont gratuits et peuvent être composés d'une cabine téléphonique sans se servir d'une carte.

Ils sont interconnectés, c'est-à-dire que lorsqu'un service est averti d'une situation d'urgence, il va transmettre l'information vers tous les services qui vont concourir à porter secours.

Particularités pour le « 112 » qui peut être utilisé à partir d'un portable même sans le code PIN en entrant « 112 » à la place de ce dernier ou en appuyant sur une touche « appel d'urgence ». Un appel au « 112 » peut aussi être acheminé même si vous n'avez plus de crédit, si vous n'avez pas de réseau ou si le réseau est saturé.

« Certains appellent à n'importe quelle heure juste pour parler, parce qu'ils ont besoin d'être entendu, et ils savent que le centre 15 fonctionne 24h/24. » une arm au centre 15

Défibrillation automatisée externe

L'arrêt cardiaque correspond à un dysfonctionnement mécanique du cœur. Dans 90 % des cas, il est consécutif à des battements anarchiques du cœur, la fibrillation ventriculaire, et dans 10 % des cas, il s'agit d'une absence complète de contractions du cœur, il s'agit de l'asystolie.

Dans un premier temps, la victime s'effondre par manque d'oxygénation du cerveau et si rien n'est fait rapidement la mort peut survenir en moins de 10 minutes.

Chaque année, en France, 50 000 personnes décèdent de mort subite suite à un arrêt cardiaque, soit 6 % de l'ensemble des décès. 80 % de ces accidents surviennent à domicile, et seul 3 % des personnes sont sauvées sans séquelles neurologiques. Les chiffres sont différents dans les pays anglo-saxons et nord européens où 20 % des victimes sont sauvées en moyenne.

Une situation liée au délai incompressible d'intervention des équipes de secours professionnelles, 10 min en moyenne, incompatible avec la nécessité d'agir dans les 5 min après l'arrêt cardiaque. En France, la passivité ou le peu de réactivité des témoins est imputable à une méconnaissance des gestes de premiers secours, un manque de formation et une ignorance des pratiques de réanimation cardiaque précoce.

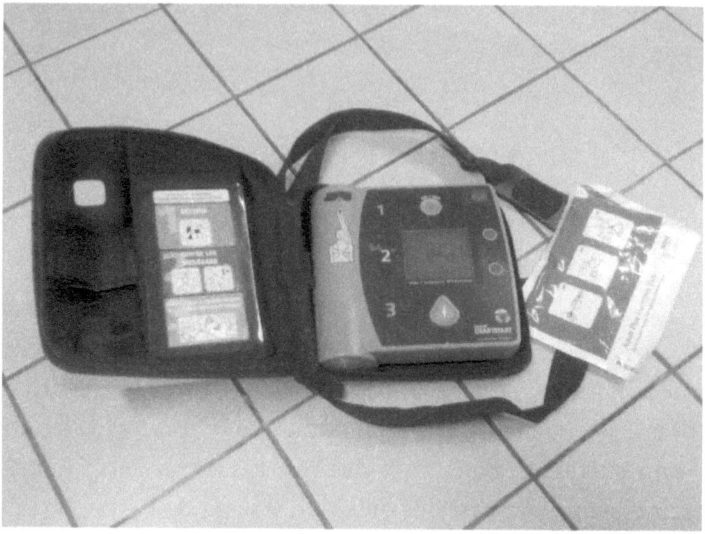

DSA

Autre explication : le cadre légal relatif à l'utilisation des défibrillateurs externes a été longtemps restrictif en France. Le défibrillateur était réservé, jusqu'à récemment, aux seuls médecins ou secouristes spécialement formés. La parution, le 5 mai 2007 du décret n° 2007-705 et de l'arrêté du 24 juillet 2007 relatif au diplôme de Prévention et Secours Civiques de niveau 1 modifiant le code de la santé publique autorise l'utilisation des Défibrillateurs Automatisés Externes (DAE) par des personnes non médecins. Une occasion pour la France de rattraper son retard sur les autres pays européens.

Une victime en Arrêt Cardio-Respiratoire (ACR) perd 7 à 10 % de chances de survie toute les minutes si les manœuvres de réanimation ne sont pas entreprises. Le principe de chaîne de survie énonce les quatre maillons permettant une prise en charge optimum :

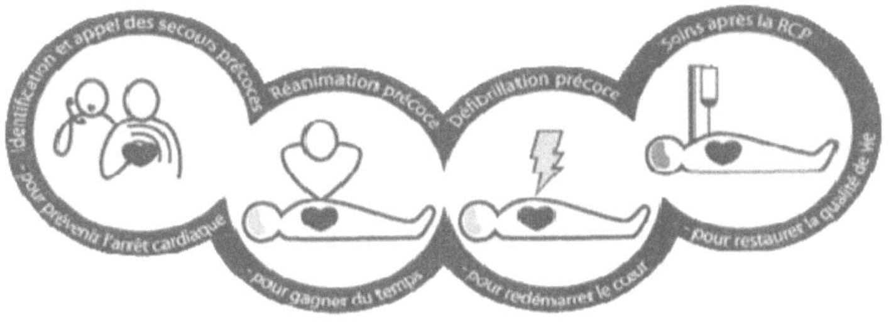

Chaîne de survie

Ils sont indissociables et à réaliser dans cet ordre.

La défibrillation est le 3ème maillon essentiel de la chaîne de survie. Elle intervient donc après l'alerte et surtout vient en complément de la réanimation cardio-pulmonaire. La défibrillation ne peut en aucun cas remplacer le massage cardiaque, mais l'addition de ces deux actions augmentent les chances de survie.

La physiologie cardiaque se décompose en une activité mécanique et une activité électrique.

Lorsqu'une personne est en arrêt cardiaque, son cœur ne bat plus, l'activité mécanique a disparu. Cette absence de battement de cœur est d'origine diverse. L'analyse du défibrillateur montre parfois qu'il n'y a pas non plus d'activité électrique, alors il ne recommande pas de choc car il est inefficace face à ce type de pathologie. Il faut, dans tous les cas, poursuivre les manœuvres de réanimation jusqu'à l'arrivée des secours ou jusqu'à la reprise de la respiration.

Asystolie

Lors d'une fibrillation ventriculaire, l'activité électrique est toujours présente. Face à cette situation, les chocs électriques délivrés peuvent s'avérer efficaces.

Les DAE sont des appareils de faible poids, de petite taille, qui analysent, se chargent automatiquement et proposent un choc si nécessaire. Ils regroupent les termes de Défibrillateurs Semi-Automatiques (DSA) et Défibrillateurs Entièrement Automatiques (DEA).

Avec un défibrillateur semi-automatique l'action de l'utilisateur est nécessaire en appuyant sur le bouton choc après que l'appareil ait conseillé la délivrance d'un choc. Alors que pour les défibrillateurs entièrement automatiques, l'appareil déclenche automatiquement un choc quelques secondes après avoir conseillé celui-ci. Simple d'utilisation, ils délivrent des informations visuelles et auditives.

Toutefois quelques précautions restent à prendre :

- ne poser un DAE que sur des personnes en arrêt cardio-respiratoire
- pas de contact avec l'eau, un élément conducteur, inflammable ou une ambiance explosive
- apposer les électrodes sur un thorax rasé et sec
- si présence d'un timbre médicamenteux sur le site d'apposition d'une électrode, le retirer
- si port d'un pace-maker ou d'une chambre implantable, déplacer l'électrode concernée d'un travers de main vers le bas.

Ces appareils se trouvent souvent dans des pochettes contenant des compresses, ciseaux, rasoirs, pile de réserve et électrodes.

La présence des DAE dans les lieux publics est en pleine expansion et l'utilisation par tout citoyen est légiférée par l'article R. 6311-15.

L'ILCOR (International Liaison Committee On Resucitation) a conçu une signalétique internationale pour indiquer la présence des DAE. La signalétique est conforme aux normes ISO 7010 et 3864-3 relatives aux signaux de sécurité utilisés sur les lieux de travail et dans les lieux publics. Cette signalétique est destinée à indiquer la présence d'un défibrillateur dans une pièce, ou encore pour désigner la direction à prendre pour trouver le DAE le plus proche. Elle peut être combinée à une flèche normalisée et être accompagnée des lettres « DAE ».

Signalétique des DAE

Dans la communauté urbaine du Grand Nancy, l'équipement des lieux publics municipaux et communautaires les plus fréquentés sont privilégiés (les mairies, le centre communal d'action social, les parcs publics, les musées, les équipements sportifs, certains supermarchés...)

Pour répondre à cet enjeu de santé publique, des médecins du département de cardiologie et du SAMU du centre hospitalier universitaire de Nancy ont développé un programme ambitieux dans l'agglomération nancéienne dont l'objectif est d'obtenir un taux de survie de 15 à 20 % des victimes d'arrêt cardiaque.

« VOUS AUSSI APPRENEZ A SAUVER UNE VIE ! » scande la campagne de sensibilisation au grand public lancée le 15 novembre 2007 sur tout le territoire de l'agglomération. Elle a pour objectif :

- d'informer sur l'arrêt cardiaque,
- de systématiser le réflexe d'appel au 15,
- de promouvoir la formation du plus grand nombre aux premiers gestes de secours à travers les organismes compétents.

Depuis mai 2009, et dans le cadre d'une procédure dit « Grand Nancy Défib » certaines communes de la communauté urbaine du Grand Nancy sont pourvues d'un micro réseau de citoyens volontaires appelés SVP (Sauveteurs Volontaires de Proximité). Ces volontaires ont été recrutés lors de réunions publiques sur chacune des communes puis formés à la réanimation cardio-pulmonaire. Ils ont un planning d'astreinte et s'échangent, à tour de rôle, un défibrillateur automatique. Une vigilance nécessaire lorsque l'on sait que 85 % des accidents cardiaques surviennent plutôt dans la sphère privée et majoritairement la nuit.

Dans 11 communes du Grand Nancy, si une personne est victime d'un arrêt cardio-respiratoire, le SAMU (Structure d'Aide Médicale Urgente) déclenche le SVP qui va ainsi débuter la réanimation avant l'arrivée des secours médicalisés. Le but étant de rendre toujours plus précoce une réanimation cardio-pulmonaire associée à la pose d'un défibrillateur et ainsi diminuer l'espace qui sépare la chute de la victime et les gestes de réanimation. Courant 2013, 2 communes de plus ont fait leur apparition dans le rang des villes nanties de SVP.

La Meuse a également mené une campagne forte en matière de prise en charge précoce de l'ACR.

En février 2009, à l'initiative du SAMU 55, une sous-commission a été créée sur le thème de l'installation des défibrillateurs dans les lieux publics en Meuse. C'est grâce à la motivation et au travail effectué qu'à l'heure actuelle, 400 défibrillateurs automatisés sont réparti sur l'ensemble de ce département ! De plus, le CESU 55 s'est investi à former gratuitement les personnes qui souhaitaient apprendre à se servir d'un DEA.

« Depuis que je suis infirmière au smur, j'ai appris à relativiser et je m'attarde moins sur des broutilles de la vie. »

Le centre 15

La régulation des appels d'aide médicale urgente constitue la principale mission opérationnelle et consiste à :

• réceptionner et trier les appels grâce à une écoute permanente 24h/24 et 7j/7

• envoyer et coordonner des moyens de secours les plus adaptés dans les plus brefs délais

• vérifier la disponibilité des lits d'hospitalisation publique ou privée afin de permettre l'orientation du patient vers le service le mieux adapté à sa pathologie

• avertir le service receveur pour préparer l'accueil du patient.

Lorsqu'une personne compose le « 15 », l'appel est réceptionné par un ARM (Assistant de Régulation Médicale) qui, rapidement et grâce à quelques questions clés, localise le lieu et priorise les appels selon leur caractère d'urgence. Ces questions sont indispensables pour décider du type de secours à mettre en œuvre. Il est important de rester calme et de répondre aux questions le plus précisément possible. Il n'y a pas de perte de temps car les renseignements demandés sont essentiels et toutes les communications sont enregistrées.

Un médecin en pleine régulation d'un appel

Pour chaque appel, le ARM créé un dossier informatique et enregistre directement les informations recueillies de la façon suivante :

- nature de la demande,
- numéro de téléphone du requérant (appelant),
- localisation de la victime (ville, rue, bâtiment, étage, n° d'appartement),
- circonstances de l'accident,
- nombre de victimes,
- état apparent des victimes,
- identité et âge des victimes,
- nom du médecin traitant des victimes.

Après hiérarchisation de l'appel, il le transmet ensuite avec le dossier au médecin régulateur SAMU ou libéral qui complète l'interrogatoire. Néanmoins, si le permanencier détecte une détresse vitale (insuffisance aigüe d'un ou plusieurs organes mettant la vie en danger), il peut dès cet instant engager un moyen de secours sans attendre l'avis du médecin.

La régulation médicale permet d'analyser, avec méthode et rapidité, les signes et les symptômes décrits, perçus par le patient, ses antécédents médicaux, le contexte, ses demandes et ses attentes. Le but est de préciser le besoin de soins et d'établir une hypothèse diagnostique après avoir évalué les risques. Ces questions lui permettront de mettre en œuvre des moyens adaptés à la gravité de la situation (conseil médical, envoi d'une ambulance privée, ambulance de secouristes, de SOS médecins, des sapeurs-pompiers, d'un SMUR, d'un médecin de garde, etc.). La réponse tient compte de l'organisation en place (secours à personne, aide médicale urgente, transport sanitaire, permanence des soins, structures d'urgences, hospitalisation), de la réglementation, des ressources disponibles et du contexte.

En dehors de toute cette organisation, l'expérience de l'opérateur est primordiale et le « flair » est capital. Dans 60 % des cas, le conseil médical suffit.

Le rôle du médecin régulateur ne consiste pas seulement en l'envoi de moyens, il peut également faire une éventuelle prescription médicamenteuse téléphonique, il doit assister et conseiller les différents intervenants, anticiper chacune des étapes de la prise en charge du patient et assurer le suivi de l'intervention.

La régulation médicale est un acte médical pratiqué au téléphone ou au moyen de tout autre dispositif de télécommunication par un médecin régulateur d'un centre d'appels dédié aux urgences médicales. Elle apporte une réponse à la demande du patient lui-même ou à celle d'un tiers, témoin d'une situation d'urgence médicale manifeste, potentielle ou ressentie.

C'est une des composantes de la médecine d'urgence, de la télémédecine et de la médecine de catastrophe.

Toutefois le bon fonctionnement de la régulation suppose de pouvoir disposer d'effecteurs adaptés (médecins, ambulances privées ou sapeurs-pompiers, SMUR…). Ces dernières années, la réponse de la médecine libérale a pris le nom de « permanence des soins ». Pour autant, cette réponse n'est pas effective en tout temps et en tout lieu du territoire. Face à une société exigeante et parfois abusive, le recours aux transports ambulanciers et aux urgences hospitalières, pour des pathologies qui parfois ne le justifient pas, est en nette augmentation.

Le CRRA (Centre de Réception et de Régulation des Appels) est également chargé d'orienter au mieux les patients en fonction des pathologies. Ceci explique que l'hôpital le plus proche n'est pas toujours celui choisi par le médecin régulateur.

Chaque appel est unique, mais la compétence des opérateurs va permettre d'obtenir des réponses à des questions ciblées permettant ainsi la pertinence et la juste adéquation des moyens engagés.

Les CRRA permettent d'assurer en permanence la prise en charge des demandes d'aide médicale urgente par des équipes entrainées et spécialisées dans le domaine de l'urgence.

Mais le centre 15 est aussi le lieu où échouent de trop nombreux appels « malencontreux ». Certaines personnes font le « 15 » pour demander l'heure, d'autres ne se gênent pas pour agresser le personnel. Parfois le requérant commence à être agressif lorsque l'opérateur lui demande l'adresse. L'appelant pensant pouvoir être localisé juste en téléphonant, il trouve cette information inutile et le ton monte… Pourtant le paiement de nos impôts n'acquitte pas largement la gratuité de ce service. Le « 15 » n'est pas un dû mais une chance !

Depuis cette « tour de contrôle », on prend conscience de la terrifiante diversité des détresses qui se produisent à un même moment dans la vie cachée des villes et villages.

« On ne peut imaginer qu'à quelques pas de chez soi, se trament tant de drames et la porte passée c'est toute la misère, tout le poids de la détresse qui vous tombe dessus ! » explique un ARM.

CRRA 54 :

Structuré en 1970, il est devenu officiel en 1975. En 1978 fut signée une convention avec le service de continuité des soins des médecins libéraux de Nancy. Le SAMU 54, service du centre hospitalier régional universitaire, fut transféré en 1990 au rez-de-chaussée du pavillon Chalnot de l'hôpital Central.

Restructuré en 1998 puis en 2003, cette salle de régulation de 82 m2, climatisée, a une configuration en deux demi-lunes permettant une optimisation des moyens de communication et une grande visibilité d'ensemble entre les différentes catégories de personnel. Le CRRA est composé de 10 postes informatiques. Il est chargé de coordonner 24 h/ 24 toutes les demandes relatives à l'aide médicale urgente c'est-à-dire l'assistance pré-hospitalière (dans la rue, à domicile, sur le lieu de travail…) aux victimes d'accidents ou d'affections soudaines (malaise, maladie) grâce à près de 80 personnes. Depuis 1990, tous les appels au « 15 » en Meurthe-et-Moselle sont centralisés sur Nancy et depuis septembre 2009, une nouvelle téléphonie permet un couplage téléphonie-internet, une priorisation et une visualisation des appels sous forme d'icône. De plus un système de salle d'attente virtuelle apporte de nouveaux avantages, afin de palier au nombre croissant d'appels (15, Médigarde, appels intra-hospitaliers ou inter-hospitaliers). « La régul' » dispose également de moyens de communication radio, et d'outils bureautiques classiques comme une télécopieuse, un télex, et une réception informatique des électrocardiogrammes réalisés dans le cadre de l'activité SMUR (Structure Mobile d'Urgence et de Réanimation). Un secrétariat lui est attaché.

En semaine, le binôme médecin-ARM (Assistant de Régulation Médicale) se compose de : 2 médecins hospitaliers, 1 médecin généraliste Médigarde de 20h à minuit et de 3 ARM répartis en 2 ARM appels et 1 ARM moyens / bilans. Le week-end il y a 1 ARM de plus, leur répartition devient alors 2 ARM appels, 1 ARM moyens et 1 ARM bilans, 2 médecins hospitaliers et 2 médecins généralistes Médigarde.

151 500 affaires en 2012 ce qui correspond à plus de 500 000 appels reçus, générant plus de 7000 interventions SMUR sur le département de Meurthe et Moselle. Tous ces appels sont enregistrés, tous les dossiers informatiques archivés ce qui peut être d'une aide précieuse en cas de problème médico-légal.

La disposition de la salle de régulation des appels du SAMU 54 facilite le dialogue entre les opérateurs

« Parfois on a de grosses difficultés à obtenir des informations quand les appelants sont analphabètes ou illettrés. » une arm

Ces affaires ont débouché sur :

des interventions primaires (extra hospitalières) :

- 158 transports héliportés soit en moyenne 1 intervention primaire tous les 2 jours
- 54 transports en UMH (Unité Mobile Hospitalière) soit environ 1 par semaine
- 2606 interventions SMUR terrestres sur Nancy soit en moyenne 7 sorties VML (Véhicule Médicalisé Léger) par jour

des interventions secondaires (transfert d'un hôpital à un autre) :

- 456 transferts héliportés
- 738 transferts médicalisés en UMH
- 1209 Transferts Infirmiers Intra-Hospitaliers (TIIH) en UMH
- 154 interventions terrestres en VML à Nancy

CRRA 57 :

Créé en juillet 1991 et conventionné depuis 1993 entre médecins hospitaliers et libéraux, le CRRA 57 est rendu opérationnel grâce au travail journalier d'un médecin hospitalier, un médecin libéral et de 5 ARM le jour/ 3 ARM la nuit. Afin de gérer au mieux les demandes de secours par des spécialistes de l'écoute, les appels sont centralisés sur Metz. Leur salle est en forme de triangle permettant d'accueillir au total 6 postes informatiques.

Depuis 1999, l'association Médigarde officie au côté du SAMU dans une salle attenante à la salle de régulation. Cette salle se compose de 2 ARM et 2 médecins lors des phases d'écoute.

En moyenne, 500 000 appels débouchant sur 260 000 affaires dont 6000 départs primaires et 1500 secondaires.

CRRA 57

Un écran permet à l'ensemble du personnel de visualiser l'occupation des postes en temps réel

CRRA 55 :

Il a été créé en février 1988 mais le SMUR intervenait déjà depuis novembre 1976. Sa particularité, par rapport aux autres départements lorrains, est de ne pas se situer dans la ville préfectorale. En effet, le SAMU 55 se situe à Verdun et non à Bar-le-Duc.

Au quotidien 2 ARM et 1 médecin régulent les appels de détresse.

11 médecins libéraux participent à l'activité Médigarde le samedi de 12h à 20h et le dimanche de 8h à 20h. Chaque année, le personnel meusien reçoit en moyenne 78 000 appels débouchant sur 35 000 affaires. Celles-ci ont engendré 2000 sorties SMUR/an.

Le CRRA 55, chaque année, 78 000 appels affluent ici

CRRA 88 :

La tradition d'hospitalité instaurée par les congrégations religieuses qui ont œuvré à travers les siècles, perdure pour certaines et ont permis l'implantation des grands établissements hospitaliers actuels.

Au gré des aléas politiques, le département a été frontière et lieu de guerre intense et trop méconnu.

De nombreuses structures récentes sont directement en lien avec ces évènements dont les six établissements capables de recevoir des urgences et pleinement actifs : Epinal, Gérardmer, Neufchâteau, Remiremont, Saint-Dié, Vittel.

La simple vision d'une carte administrative et

géographique des Vosges montre des caractéristiques assez uniques :

- entouré de huit départements (52, 55, 54, 57, 67, 68, 90, 70) et d'une région (Bourgogne-Franche-Comté) ;
- un massif montagneux de moyenne altitude à l'est, une plaine à l'ouest ;
- trois bassins versants (Meurthe, Moselle, Meuse) ;
- des vallées non homogènes générant des axes de circulation parfois difficiles et des cols intérieurs et vers les départements voisins tributaires des aléas météorologiques.

Ses 380 000 habitants se répartissent surtout dans les agglomérations le long des cours d'eau en raison de l'histoire industrielle et énergétique.

Le CRRA 88. Particularité vosgienne, 3 services sont regroupés sur une même plateforme. Leur collaboration étroite apporte efficacité et rapidité des secours. Au 2ème plan, seule une porte vitrée sépare la régul' des sapeurs-pompiers (CODIS-CTA)

Ceci amène une forte disparité puisque si la densité

globale est de 67 hab/km2, les campagnes n'atteignent pas 12 hab/km2, expliquant des accès aux soins et en particulier aux soins d'urgence parfois difficiles. Le SAMU 88 a aussi pour particularité démographique de devoir faire face, tant sur le plan de la régulation des appels que sur le plan de l'intervention d'urgence, à une augmentation de population en hiver aux alentours des pistes de ski (environ 1 000 000 de nuités en plus) et en été aux alentours des villes thermales (environ 50 000 passages).

Profitant d'opportunité de recrutements spécifiques, le 3 avril 1980 ouvrent le SAMU des Vosges et le SMUR d'Epinal suivi dans la même année et début 1981 par les trois autres établissements de Saint-Dié, Remiremont et Neufchâteau sur un modèle similaire pour tous. Au moment là, la quasi-totalité des appels concernaient l'accidentologie routière.

Le 26 août 1986, France Télécom raccorde le SAMU des Vosges au numéro 15.

Dès lors, la régulation médicale sur site est instaurée et ne s'est plus arrêtée depuis.

L'activité s'est rapidement trouvée impactée puisque si les années précédentes elle oscillait autour de quelques milliers par an, rapidement la barre des dizaines de milliers devient la routine pour ne plus diminuer (anecdotiquement 1003 dossiers ouverts en 1980, 97 752 en 2011).

Ceci a obligé à structurer l'organisation et les équipes de réponse.

Ainsi le nombre de permanenciers double, les médecins régulateurs sont tous des seniors au sens de leurs compétences. Dans les Vosges, le CRRA reçoit les appels du 15 et du 112. Pour cela, 1 médecin et 2 ARM répondent aux appels en journée et sont complétés par Médigarde la nuit. Complément fait par 12 postes de travail supplémentaires dans les bureaux, c'est au total 23 postes informatiques qui apportent une réponse logistique aux vosgiens.

1989 : Une petite révolution apparut quand le premier module informatique réellement utile fut installé par une petite société qui avait répondu à un cahier des charges précis par rapport aux besoins et attentes du SAMU.

Inaugurée en 2007, la plateforme commune vosgienne, unique en Lorraine, rassemble les sapeurs-pompiers, la cellule opérationnelle de circulation routière et le SAMU depuis le 15 avril 2008. Seuls quelques mètres et une vitre les séparent, ce qui facilite grandement l'échange d'information et la communication. En effet, chacun a déjà pu se rendre compte qu'une conversation prend une tout autre tournure lorsque l'interlocuteur est en face de soi voire même, lorsqu'au fil du temps et de côtoiements, une réelle amitié est née.

Medigarde

Afin d'apporter une réponse adaptée et pour « désengorger » les lignes du « 15 », les médecins généralistes de l'association Médigarde, créée le 20 décembre 2003, prennent des gardes au sein du CRRA. En Lorraine, de 20h à minuit en semaine, de 12h à minuit le samedi et de 8h à minuit le dimanche, ces médecins libéraux répondent au 0820.33.20.20 aux personnes ayant besoin de conseils médicaux ou d'un médecin généraliste. Ils ont une expérience reconnue en médecine d'urgence et en régulation des appels et permettent ainsi d'assurer la permanence des soins en dehors des heures d'ouverture des cabinets médicaux.

Antares

Il s'agit de transmissions radio numériques sécurisées et cryptées. Ce réseau permet de transmettre les données du patient, un bilan secouriste, un bilan médical, des messages d'alerte, et ce de façon tout à fait sécurisée. Il permet aussi de visualiser la disponibilité d'un vecteur (moyen terrestre ou aérien transportant le personnel et le matériel sur les lieux) et la géo localisation du véhicule. Le référentiel d'exigences d'interopérabilité des données partagées, entre le SAMU et les sapeurs-pompiers, prévoit aussi de partager en temps réel les données lors de la réception et le traitement d'une demande secours, le suivi opérationnel des interventions en cours et la clôture d'une d'intervention par le biais d'un support commun. Les applications informatiques embarquées doivent garantir l'interopérabilité « horizontale » (coordination entre les intervenants sur le terrain), mais aussi « verticale » (coordination avec les centres de coordination CRRA ou CTA depuis le terrain).

ANTARES (Adaptation National des Transmissions Aux Risques Et aux Secours) permet une interconnexion entre la préfecture, le SAMU et le SDIS, c'est-à-dire les sapeurs-pompiers. Le but est d'harmoniser les méthodes et les moyens pour apporter une traçabilité commune de la réponse apportée aux demandes de secours. Il est déployé en Lorraine depuis fin 2008.

« Lorsque les personnes appellent, ils veulent une réponse immédiate. On écoute attentivement le requérant de façon à ne pas le faire répéter lorsqu'on remplit notre dossier, mais si jamais la décision du médecin ne correspond pas précisément à leur attente, l'agressivité monte et les insultes fusent. » une permanencière

Le SAMU

La conception française de l'urgence médicale est fondée sur quatre principes :

– le rôle de l'hôpital dans la médecine d'urgence pré-hospitalière,

– le soin adapté par la régulation médicale,

– la médicalisation pré-hospitalière des cas qui le nécessitent,

– le réseau des urgences.

L'organisation française de la médecine d'urgence pré-hospitalière a pour particularité d'engager la présence d'un médecin aux 2 niveaux de prise en charge. Que ce soit au centre d'appel et de régulation médicale (médecin urgentiste, hospitalier ou généraliste) ou en intervention sur le terrain dans les cas les plus sévères (médecin urgentiste hospitalier). Les rôles du SAMU sont définis par la loi du 6 janvier 1986 et le décret du 16 décembre 1987. Dans ses missions, le SAMU :

- assure une écoute médicale permanente à partir du centre de réception et de régulation des appels. Le numéro attribué à ce service est un numéro simple, gratuit et valable dans toute la France le « 15 »,
- détermine et déclenche dans les meilleurs délais la réponse la mieux adaptée à la demande d'aide médicale urgente. Du conseil médical à l'engagement du SMUR, le médecin a à sa disposition différents moyens de réponse,

- s'assure de la bonne prise en charge des patients par les moyens engagés, du lieu de l'intervention jusqu'au service receveur,
- vérifie la disponibilité des moyens publics ou privés d'hospitalisation adaptés à l'état de santé du patient dans le respect du libre choix du patient, de sa famille et de son médecin traitant,
- organise le cas échéant le transport dans un établissement public ou privé en faisant appel à un service public ou à une entreprise privée de transports sanitaires,
- veille à l'admission du patient dans un établissement de santé,
- intervient dans la formation aux soins d'urgence du personnel par l'intermédiaire du centre d'enseignement des soins d'urgence,
- participe aux différents plans de secours. Le SAMU est partie prenante dans l'élaboration, l'organisation et la mise en place des plans de secours (Plans blanc, rouge ou ORSEC) lors des grands rassemblements de foule ou d'accidents impliquant un grand nombre de victimes. Il collabore, sous la direction du Préfet avec le service départemental d'incendie et de secours. Pour cela, il dispose à cet effet de « lots catastrophe » qui sont facilement transportables et constitués par des réserves de médicaments, de matériel, de solutés, de tentes. Enfin, il peut aussi être amené à intervenir hors de France lors de missions humanitaires dans le cadre du SAMU mondial.

Le SAMU participe également à des travaux de :

– prévention en participant aux enquêtes épidémiologiques – recherche et perfectionnement des techniques et thérapeutiques d'urgence

– élaboration de protocoles

Toute l'organisation française de l'aide médicale urgente s'articule autour des SAMU dont la mission est d'assurer la coordination de la médecine pré-hospitalière.

Il y a un SAMU par département français (sauf pour la Loire, les Pyrénées-Atlantiques et la Seine-Maritime qui en comporte 2), soit une centaine au total avec en moyenne 500 000 habitants par département. Ce maillage permet une bonne couverture nationale des urgences pré-hospitalières. Deux SAMU exercent, par ailleurs, une activité de régulation médicale particulière :

– Le SAMU de Paris régule les appels d'urgence provenant des Trains à Grande Vitesse (TGV) et des avions d'Air France en vol

– Le SAMU de Toulouse régule les appels d'urgence des navires en mer.

Le SMUR

Il est chargé d'assurer tous les jours de l'année, 24h/24, l'intervention, hors de l'établissement de santé auquel il est rattaché, d'une équipe hospitalière médicalisée. Celle-ci réalise la prise en charge de tous patients, sans distinction d'âge ni de pathologie, dont l'état requiert de façon urgente des soins médicaux et de réanimation, notamment du fait d'une détresse vitale présente ou potentielle. Elle assure, le cas échéant, le transport vers un établissement de santé apte à assurer la suite des soins. Le SMUR effectue deux types d'interventions, primaires et secondaires. Certains SMUR sont spécialisés, comme le SMUR néonatal qui gère les nouveau-nés.

La Lorraine dispose aussi d'un hélicoptère doté d'équipements médicaux et de transmissions et basé sur Nancy.

Les SMUR utilisent aussi, dans certains cas, des avions équipés en version sanitaire. Le matériel médical utilisé s'apparente à celui d'une réanimation. Par contre, il est adapté au transport et nécessite autonomie et polyvalence, avec des appareils électriques dotés de batteries et de l'oxygène sous forme d'obus. Les SMUR doivent pouvoir faire face à une multitude de pathologies tout en ayant une capacité d'embarquement de matériel inextensible.

Ses principaux partenaires de l'urgence sont les sapeurs-pompiers, la police, les associations de secourisme, les médecins et infirmiers libéraux, les ambulances privées…

C'est le Ministre chargé du travail, de l'emploi et de la santé qui fixe par arrêté la liste des établissements hospitaliers obligés de se doter de moyens mobiles de secours et de soins d'urgence soit 365 SMUR en France répartis sur l'ensemble du territoire.

La convention quadri partite

« L'aide médicale urgente a pour objet, en relation avec les dispositifs communaux et départementaux, d'organiser des secours, de faire assurer aux malades, blessés et parturientes, en quelque endroit qu'ils se trouvent, les soins d'urgence appropriés à leur état » (art. L6311-1 du code de la santé publique).

Le référentiel dit quadripartite ou référentiel portant sur l'organisation du secours à personne et de l'aide médicale urgente fut l'occasion d'âpres débats liés à une situation « fédérative » tendue.

Elle lie les Ministères de l'Intérieur et de la Santé, la Fédération Nationale des Sapeurs Pompiers et le syndicat SAMU Urgence de France

Elle a ainsi pour objet :

– d'apporter une réponse graduée et adaptée à la nature de la demande et du degré d'urgence,

– de faire intervenir tous les acteurs de l'aide médicale urgente et du secours d'urgence,

– d'organiser un réseau sur la base de protocoles opérationnels.

Le référentiel portant organisation de la réponse ambulancière à l'urgence préhospitalière était beaucoup plus simple à gérer du fait d'une volonté clairement affichée de la part des entreprises de transports sanitaires d'une participation raisonnée à cette fonction.

La mise en œuvre de techniques informatisées d'engagement, de protocoles de travail simples, associés à une permanence efficiente, permet d'entrevoir un développement répondant à la fois aux besoins du public et des professionnels.

Pour répondre à l'aide médicale urgente, les ambulanciers s'organisent grâce à des permanences, on parle de garde préfectorale. Une garde départementale obligatoire est mise en place par arrêté préfectoral qui détermine le dispositif de réponse des ambulanciers privés pendant les périodes de permanence, nuit, samedi, dimanche et jours fériés. Cette convention met en place les véhicules en départ immédiat sur le département. Ces moyens sont à la disposition du CRRA 15.

Les ambulanciers sont chargés d'assurer la prise en charge et le transport vers les structures de santé conformément à la décision du médecin régulateur.

En-dehors des heures de garde préfectorales, les ambulanciers privés répondent individuellement en fonction de leurs moyens et de leur implantation géographique ou par le biais de groupements dûment constitués, enregistrés auprès du centre 15.

Le service départemental d'incendie et de secours intervient dans le cadre de son règlement opérationnel. Il participe aux secours d'urgence notamment lorsque l'intervention nécessite un secours en équipe (sauvetage, soustraction à un danger ou à un risque…). Il n'est tenu d'effectuer que les seules interventions relevant directement de ses missions, telles que définies par l'article L 1424-2 du code général des collectivités territoriales, et dans le cadre administratif et financier fixé par son conseil d'administration. L'évacuation d'une victime consiste en son transport sous surveillance par des équipiers formés, suite à une intervention, après orientation par le médecin régulateur.

Dans le cas particulier où le médecin régulateur juge utile un renfort médical, l'évacuation est médicalisée. Le personnel du SDIS apporte alors son concours à l'équipe médicale.

Enfin, la permanence des soins est assurée grâce à la médecine générale. Aux heures d'ouverture des cabinets médicaux, les médecins peuvent recevoir et consulter leurs patients, et en dehors de ces heures, Médigarde prend le relais. L'appréciation de la gravité, les conseils et l'orientation se fait alors par téléphone.

« Le samu j'écoute !… J'ai bien compris madame que votre mari a un coton tige dans les oreilles… Alors si vous avez déjà pris en rendez-vous chez l'orl pourquoi vous nous appelez ? » un médecin au samu

Les équipes
Les médecins

Ce sont des médecins spécialisés en médecine d'urgence, et titulaires de la capacité de médecine d'urgence ou du diplôme d'études spécialisées complémentaires en médecine d'urgence, secondés par des internes et des étudiants hospitaliers.

Ils assurent à tour de rôle les différents postes du service :

- Régulation des appels d'aide médicale urgente au CRRA,
- Interventions en SMUR terrestre :

– interventions primaires au domicile des patients ou sur la voie publique

– interventions secondaires correspondant à des transferts d'hôpitaux à hôpitaux de patients dont l'état de santé instable nécessite une surveillance médicale pendant le transport

- Interventions héliportées (primaires ou secondaires)
- Garde au sein de la structure d'accueil des urgences car il y a une mutualisation des activités entre SAMU et service d'urgence.

Autres missions

- Participation également à différents travaux de recherche clinique (études randomisées, études prospectives d'évaluation, registre…)

- Coordination de la formation NRBCE de l'ensemble du personnel de la zone de défense est

- Participation aux actions de formation coordonnées par le CESU :

- enseignement dans le cadre du Diplôme d'Etat d'Ambulancier (DEA),

- formations au secourisme,

- action de formation auprès du grand public,

- enseignement dans le cadre de la formation des infirmières au Schéma Régional d'Organisation des Soins (SROS)

- enseignement dans le cadre de divers diplômes (diplôme d'études spécialisées complémentaires de médecine d'urgence, capacité de médecine de catastrophe…)

- Médicalisation de rassemblements de foule (épreuves sportives, évènements culturels…)

- Participation aux diverses commissions de l'hôpital (Commission de la permanence des soins, commission de recherche clinique…) et à la vie de l'hôpital (Commission médicale d'établissement).

Médecin régulateur

Au sein du CRRA, des médecins assurent la régulation en continu qui comprend un recueil de données auprès de l'appelant ainsi qu'une analyse de la demande d'aide médicale urgente. Pour les aider dans leur travail, ils disposent d'écrans d'ordinateur, d'un système de couplage téléphonie/internet, et d'un système de communication radio. Le médecin est chargé d'évaluer l'état de santé de la victime et de mobiliser les ressources les plus adaptées. La réponse apportée peut être :

- conseil médical
- envoi du médecin traitant, du médecin de garde, médecin correspondant du SAMU ou de SOS médecin
- consultation au cabinet médical, à la maison médicale ou dans un service d'urgence
- envoi d'un moyen de transport sanitaire : ambulance privée, ambulance secouristes, Véhicule de Secours et d'Assistance aux Victimes (VSAV), moyen médical ou paramédical du Service de Santé et de Secours Médical (SSSM) du Service Départemental d'Incendie et de Secours (SDIS), SMUR terrestre ou héliporté.

La régulation médicale doit être systématique, y compris lors d'un prompt secours, quel que soit le lieu où se trouve la personne et le cheminement initial de l'appel (15, 18, 112, 17).

Le médecin régulateur détermine aussi l'orientation du patient en fonction des informations et des bilans en sa possession.

« En travaillant en équipe, chacun appréhende la situation de façon différente car chaque membre de l'équipe intervient principalement à des moments différents » un ambulancier

Le patient peut :

- soit être laissé sur place aux soins de son entourage, de son médecin traitant ou du médecin de garde qui sera averti par le CRRA 15
- soit être confié à un établissement de soins, service

des urgences ou service spécialisé, public ou privé, en fonction des disponibilités.

Toutefois afin de maintenir une couverture opérationnelle efficace, les évacuations effectuées par les sapeurs-pompiers ou par la garde ambulancière se font, le plus souvent, vers l'hôpital ou le service spécialisé le plus proche.

Il suit les différentes missions en cours dans le département, ainsi que la disponibilité des moyens SMUR et des lits d'hospitalisation.

En Lorraine, les données recueillies sont saisies sur un logiciel informatique de gestion des interventions nommé Appli-SAMU. Ces données sont archivées sur une base informatique sécurisée assurant la confidentialité des renseignements.

Médecin SMUR

A son arrivée, il prend les transmissions et consignes spécifiques auprès de son prédécesseur. Il participe aussi à la réunion de service, appelée « staff », où sont analysées les interventions de la veille. C'est lui le responsable de la vérification des véhicules SMUR effectués par l'infirmier et le conducteur ambulancier.

C'est le médecin du CRRA qui va décider de l'envoi d'un vecteur SMUR sur une intervention. Le personnel est alors averti par le déclenchement de leur bip. En quelques minutes, le véhicule est sorti. Pour se rendre rapidement sur les lieux, un système GPS ou un plan détaillé de toutes les communes du secteur est disposé dans chaque véhicule. Toutefois, les conducteurs travaillent régulièrement la connaissance du secteur, et bien souvent c'est de mémoire qu'ils se dirigent vers le sinistre.

Les interventions peuvent concerner des malaises graves, des accidents de la voie publique, des accouchements ou toutes autres situations de détresse vitale. Une évaluation rapide dès l'arrivée sur les lieux prenant en compte le nombre de victimes, le mécanisme, la gravité ou encore les risques que la situation présente permet de faire une demande de renfort précoce. Après examen du patient et mise en route du traitement, le médecin doit transmettre un bilan au régulateur afin de déterminer la destination la plus adaptée à la poursuite de la prise en charge du patient. Un dossier médical est initié et est transmis au service receveur. Selon le diagnostic et les critères de gravité, le médecin et l'infirmier accompagnent le patient ou non dans l'ambulance afin de le surveiller pendant le transport vers l'hôpital. A son retour d'intervention, le matériel utilisé est aussitôt remplacé afin de rendre le véhicule disponible le plus rapidement possible pour l'intervention suivante.

Entre 2 interventions, le médecin SMUR peut réaliser différentes tâches comme la préparation de cours, la rédaction de protocoles, de recherches scientifiques, des courriers à adresser à des médecins traitants…

Anciennes vestes d'intervention des médecins SMUR 54. Sur la table, le bip, positionné de façon à rester audible même la nuit.

Médecin Hélico

Les médecins affectés à l'hélicoptère sont des médecins urgentistes ou anesthésistes réanimateurs issus des 4 départements lorrains et sélectionnés par une commission.

Il y a en moyenne 2 à 3 missions par jour pour « l'hélico lorraine ». Elles sont variées et touchent toutes les pathologies d'urgence.

- 75 % des missions sont des transferts de patients (interventions secondaires) d'hôpitaux à hôpitaux
- 25 % des missions sont des interventions primaires, c'est-à-dire des missions réalisées en dehors des hôpitaux (domicile, route…).

Le déclenchement d'une mission héliportée est sous la responsabilité de chaque SAMU départemental et coordonnée par le SAMU 54.

L'équipe héliportée apporte aux patients des soins spécialisés à l'aide d'un vecteur rapide et confortable. 20 % des missions sont réalisées la nuit, mais parfois, une météo capricieuse rend impossible leur réalisation.

Autres activités

En dehors de l'activité opérationnelle, le médecin a une fonction dite d'astreinte et d'autre part une fonction dite administrative.

Fonction d'astreinte :

Ainsi dès le début de la matinée, le praticien hospitalier d'astreinte, anime la réunion de service au cours de laquelle une évaluation des éventuels problèmes médicaux ou organisationnels est réalisée.

Il se rend ensuite en salle de régulation pour gérer les éventuels dysfonctionnements. Proche de l'équipe de garde, il se tient informé des faits marquants au cours de la journée.

Fonction administrative :

Cette fonction comprend la formation spécifique à l'urgence pré-hospitalière destinée au personnel en formation et au personnel du service.

Le médecin peut être amené à participer aux diverses réunions en relation avec l'activité du service et le fonctionnement au sein de l'hôpital comme la réorganisation de la permanence de soins, le mode de fonctionnement des ambulances, les diverses commissions…

Il participe également aux différents jurys d'examens (Brevet National de Sécurité et Sauvetage Aquatique,

Diplôme d'Etat d'Ambulancier...).

Certains poursuivent des travaux scientifiques en cours, effectuent des recherches bibliographiques, aident à la réalisation des travaux de recherche et de thèse, le site internet du SAMU et réalisent le planning du service.

Médecin Correspondant du SAMU

Légiféré par l'arrêté du 12 février 2007 relatif aux médecins correspondant du SAMU, un Médecin Correspondant du SAMU (MCS) assure la prise en charge initiale d'une urgence médicale ou chirurgicale dans un secteur situé à plus de 20 minutes d'un SMUR. Il s'agit d'un médecin généraliste volontaire ayant signé une convention avec le SAMU du département et pouvant participer à une permanence de soins. Ce médecin travaille en binôme avec un vecteur de transport déclenché simultanément par le CRRA 15. Il apporte une réponse médicale de proximité.

La Meuse a la particularité d'avoir une population peu dense, regroupée essentiellement autour de 2 bassins, Bar-le-Duc et Verdun. Par ailleurs, les habitants les plus éloignés se trouvent à près de 45 min du SMUR le plus proche. C'est pourquoi, les 25 médecins correspondants du SAMU meusiens (anciennement appelés Effecteurs Périphériques de Proximité) sont un maillon indispensable à une médicalisation de proximité

« ... Vous pensez qu'il est en arrêt cardiaque ? Alors Monsieur, mettez votre main sur son ventre... Il ne respire pas ? Il faut faire un massage cardiaque Monsieur ! Vous allez placer vos mains au milieu de sa poitrine et allez appuyer fortement en rythme !... Non vous ne risquez pas de lui faire mal et les secours sont déjà partis ! Allez, et 1 et 2 et 3 et 4... voilà Monsieur, c'est bien continuez... » un médecin régulateur au centre 15

Les cadres de santé

A Nancy et à Metz, 3 cadres de santé, à Verdun et Epinal 1 cadre, participent à l'organisation des urgences, du SAMU et du SMUR. Ils

- gèrent les personnels paramédicaux du service ou de l'unité
- identifient les besoins en formation du personnel
- accueillent et organisent l'encadrement des nouveaux personnels et des étudiants
- contrôlent la qualité, la sécurité des soins, les activités paramédicales, les procédures, les protocoles
- réalisent des audits
- gèrent l'information relative aux soins et aux activités paramédicales
- conseillent, informent, les familles, les patients et le personnel
- élaborent, réalisent et communiquent les projets paramédicaux du service ou de l'unité en liaison avec l'équipe médicale
- programment les activités du service ou de l'unité
- répartissent et gèrent les ressources et les moyens dans l'unité
- suivent le bilan des activités du service ou de l'unité
- coordonnent et suivent les prestations de maintenance et de logistique…

Ce rôle de l'ombre est un maillon indispensable.

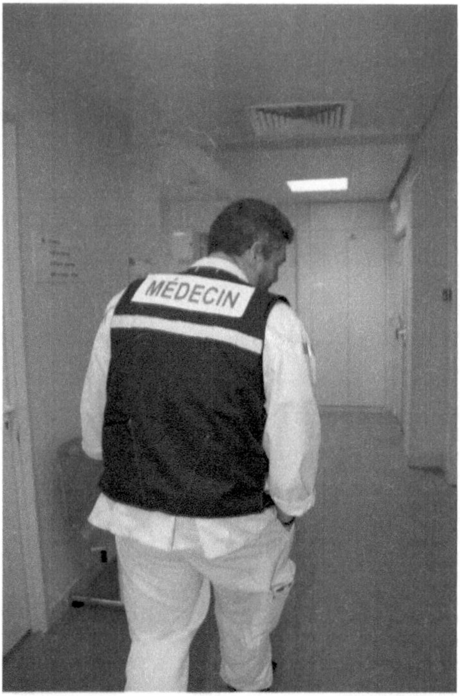

Cédric, médecin urgentiste au SAMU 54

Les infirmiers

En Lorraine, il y a 1 infirmier par véhicule SMUR. 30 à Epinal, 22 à Nancy, c'est le nombre d'infirmiers travaillant aux urgences qui interviennent en SMUR. Cette double fonction leur permet d'assurer la continuité des soins, faisant ainsi le lien entre soins extra hospitaliers et intra hospitaliers.

La prise de poste débute par la transmission d'infos relative aux soins par les collègues de la veille. Chaque matin, ils sont chargés de faire un relevé des stupéfiants, et d'en faire commande au besoin. Ils doivent ranger le matériel et les médicaments reçus et s'assurer que l'ensemble du matériel est présent et fonctionnel. Leur rôle, comme dans les autres services, est aussi d'encadrer les stagiaires.

Afin d'améliorer la qualité de service, l'infirmier travaille sur la mise en application des protocoles d'hygiène des véhicules d'interventions et de l'hélicoptère.

Ces tâches peuvent être, bien évidemment, entrecoupées à tout moment par l'activité opérationnelle. A la suite de chaque intervention, l'infirmier participe aux procédures de décontamination du vecteur terrestre ou aérien.

En l'absence d'activité SMUR, il prête main forte à ses collègues du service des urgences.

La nuit, il effectue en plus la commande du matériel et des produits pharmaceutiques.

Formation :

L'expérience professionnelle à la structure d'urgence

On ne devient pas infirmier SMUR par hasard. L'acquisition de techniques et de connaissances, une maturité personnelle et professionnelle, la connaissance de la structure et de son fonctionnement sont les pré-requis à la fonction d'infirmier SMUR. Un des objectifs du travail en SMUR est d'assurer une prise en charge précoce et optimale du patient dès la phase pré-hospitalière ainsi que faciliter l'accueil dans un établissement de santé. Voilà pourquoi, avant d'être « smuriste », l'infirmier postulant devra déjà justifier, en moyenne de 2 ans d'expérience aux urgences.

La formation régionale d'infirmière urgentiste

La formation Schéma Régional d'Organisation des Soins (SROS) est une initiative régionale qui correspond à un besoin exprimé par les infirmiers de la région Lorraine. Elle complète les connaissances pratiques et théoriques acquises. L'enseignement est dispensé par des professionnels de l'urgence de la région. Elle dure trois semaines réparties sur trois mois. Les promotions comptent en moyenne 30 infirmiers.

La formation d'intégration à l'activité SMUR

L'intégration d'un nouvel infirmier dans l'activité SMUR repose sur une formation théorique préalable de 3 journées. Des sorties SMUR en tutorat avec un infirmier référent achèveront cette formation.

La formation continue

Elle sert à actualiser les connaissances pratiques et théoriques sur les soins d'urgences. Elle concerne les nouveaux protocoles de prise en charge, les médicaments, le matériel mis en essai, le résultat des études effectuées…

Des thèmes particuliers peuvent être traités à la demande des infirmiers.

Les ambulanciers

Petit moment calme entre 2 interventions,
juste le temps de pouvoir rédiger l'inventaire du matin

Ils sont 6 à Verdun, 12 à Epinal et 21 à Nancy.

Ce sont eux qui conduisent les véhicules SMUR et qui aident le médecin et l'infirmier lors d'interventions. Titulaires du Diplôme d'Etat d'Ambulancier (DEA), et du permis C (Poids lourd) pour ceux de Nancy, ils doivent suivre, en plus, une formation d'adaptation à l'emploi de 3 semaines assorties d'un stage d'une semaine dans un SMUR hors région d'emploi. Les conducteurs ambulanciers sont tous formés à la conduite en urgence sur un circuit automobile.

Les exigences sont nombreuses :

- faire preuve d'anticipation en fonction du type d'intervention afin d'aider au mieux l'infirmier et le médecin,
- adapter leur conduite selon le type de lésion ou maladie présentée par la victime transportée,
- veiller au bon fonctionnement, à l'entretien quotidien et à la maintenance des véhicules SMUR,
- avoir une bonne connaissance des sites hospitaliers et du secteur d'intervention,
- conduire l'équipe SMUR sur les lieux de l'intervention en toute sécurité,
- collaborer à la préparation du matériel, à la réalisation de certains gestes de secours avec le médecin et l'infirmière,
- réaliser les transferts secondaires des patients entre les différents hôpitaux et cliniques
- entretenir le matériel des plans de secours et y participer,
- gérer l'organisation et la réparation des véhicules SMUR,
- participer, entre les interventions SMUR, à l'activité du service d'urgence et brancarder les patients héliportés vers les services d'hospitalisation,
- présenter le matériel embarqué aux différents stagiaires,
- participer aux formations réalisées par les médecins du service.

A chaque prise de poste, il réalise, avec l'IDE, l'inventaire du matériel du véhicule dont il a la charge, contrôle les niveaux, s'assure du bon fonctionnement des équipements, effectue le nettoyage, et désinfection selon les protocoles établis. Le niveau de carburant doit toujours être à son maximum afin d'être toujours prêt à réaliser de longs transports. Les transferts médicalisés ou paramédicalisés entre les différents hôpitaux peuvent les amener à parcourir de grandes distances en une journée.

La fonction principale des ambulanciers est d'assurer la conduite des véhicules et la mise en œuvre du matériel lors d'interventions SMUR primaires ou secondaires.

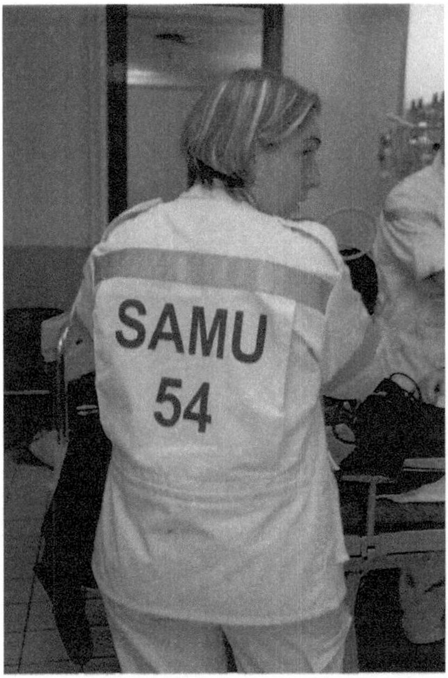

Laetitia, ambulancière, en nouvelle tenue SMUR 54

Les assistants de régulation médicale

Ce métier en pleine mutation offre depuis peu un nouveau statut et une nouvelle appellation aux anciens Permanenciers Auxiliaires de Régulation Médicale (PARM) devenu des Assistants de Régulation Médicale (ARM).

Lors de vacance de postes, l'établissement hospitalier organise un concours de recrutement interne ou externe. Dans le 1er cas l'expérience d'aide-soignant est souhaitée et dans le 2ème c'est un baccalauréat sciences et technologies de la santé et du sociale qui est apprécié. Il y a une épreuve écrite d'admissibilité, composée d'une rédaction de note et d'un compte-rendu en relation avec l'activité d'ARM, et une épreuve orale d'admission sur la résolution d'un cas pratique en lien avec la fonction. Les candidats reçus suivent ensuite une présentation du travail pendant 1 semaine et s'ensuit jusqu'à 2 mois de doublure avec un permanencier expérimenté. Au nombre de 14 à Epinal, 24 à Nancy, 27 à Metz, 12 à Verdun les ARM se relaient sans cesse pour assurer une écoute permanente des appels.

Ils réceptionnent les appels, les localisent et les priorisent avant de passer l'ensemble du dossier au médecin.

Dès sa prise de fonction au sein du CRRA, l'assistant met à jour les listes du personnel SMUR de garde des 12 heures à venir.

Les week-ends, les nuits et les jours fériés d'autres listes de garde sont mises en place pour l'ensemble du département :

- les ambulances privées en garde préfectorale réparties
- les médecins libéraux,
- les pharmacies
- les dentistes uniquement le dimanche

Toutes ces données sont enregistrées sur le logiciel de régulation médicale lorrain Appli-SAMU®. L'ensemble de ces informations sont mises à jour en temps réel par les assistants de régulation médicale et sont consultables depuis tous les postes informatiques du CRRA.

Les permanenciers se répartissent en 3 fonctions :

– un « ARM appels » réceptionne les appels extérieurs avant de passer les communications au médecin,

– un « ARM moyens » gère les moyens à engager,

– un « ARM bilans » réceptionne les bilans émis par le moyen engagé.

Selon l'organisation du département, un ARM peut assurer plusieurs de ces fonctions en même temps.

Les pilotes

Ils sont 5 à piloter avec brio l'hélicoptère lorrain pour assurer un service H24. Tous à temps plein, ils travaillent en 12h pendant 1 semaine de jour et la fois suivante ils sont de nuit, de façon à réaliser 145 gardes par an. A cela s'ajoute les visites médicales, les contrôles en vol ou encore les formations. Placés sous l'autorité de l'aviation civile, leur travail ne s'arrête pas au pilotage de l'engin. Responsable de l'exécution de la mission, ils s'astreignent au respect du règlement du transport public des passagers comportant la sécurité du vol ou les consignes aux passagers. Avant chaque mission, ils doivent également préparer la navigation et déterminer un point de posée à proximité du lieu de l'accident ou sur la zone de posée (Drop Zone) d'un établissement hospitalier. Ils vérifient aussi la faisabilité technique de la mission. C'est-à-dire qu'ils vont déjà consulter la météo présente sur tout le trajet en consultant internet ou en appelant directement un agent de météo France, et ils cherchent si un point de posée existe dans cette zone.

Le mécanicien

Cet homme de l'ombre effectue tous les matins une vérification de l'hélicoptère (niveaux, absence de fuite, fonctionnement des ampoules…). Son rôle est de réaliser la maintenance afin de toujours assurer la navigabilité de l'appareil. Si un problème technique est décelé, il procède alors au dépannage. Un plan de maintenance existe pour assurer une périodicité de l'entretien. Il est de son devoir de permettre une conformité entre le plan de maintenance et l'exécution des tâches. Toujours aux petits soins, il procède, toutes les 100h de vol, à une visite approfondie de la machine. L'œil du mécanicien est exigeant et les contrôles drastiques. Aussi, toutes les 400h de vol, l'EC 135 part pour 3 semaines à Gap pour une vérification totale. L'appareil est complètement démonté et inspecté. Pendant ce temps, c'est un autre hélicoptère qui assure les missions.

Les secrétaires

Elles assurent les tâches administratives participant ainsi au bon fonctionnement de ce service. Leur rôle, mal connu, se poursuit aussi sur la facturation des interventions, la rédaction de courriers d'intervention, la mise à jour de plannings ou encore le recueil d'informations pour l'organisation de divers enseignements comme la capacité de médecine d'urgence, la formation régionale d'infirmière urgentiste ou depuis peu le diplôme interuniversitaire « Expertise dans la gestion des situations exceptionnelles en établissement sanitaire ».

Les agents de service

Les Agents de Service Hospitalier (ASH) permettent de conserver la propreté des locaux SAMU, SMUR, et du service d'urgences ainsi que leur approvisionnement en linge.

« - l'appelant : Bonjour Madame, j'peux vous demander un service ?

- le permanencier : Allez-y toujours.

- l'appelant : Voilà, je suis sdf et je voudrais que vous me mettiez en relation avec un ami pour qu'il m'amène de l'argent... »

Les véhicules
Les inventaires

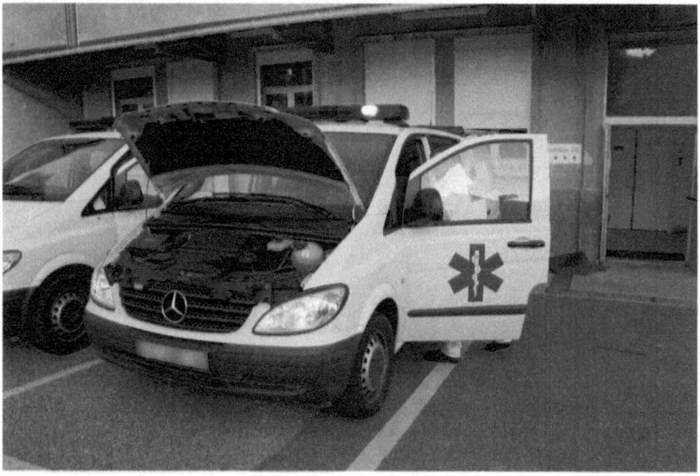

Vérification des différents niveaux par les conducteurs

Ils sont réalisés par le personnel ambulancier et infirmier à chaque prise de poste. Les équipes vérifient la présence du matériel dans le véhicule auquel ils sont affectés pour 12h en suivant une liste. Après l'inventaire des vecteurs terrestres, les infirmiers se rendent sur l'hélistation pour réaliser l'inventaire du matériel de l'hélicoptère et du matériel permettant le transfert des patients vers les services receveurs.

La planche à masser. Elle permet de remplacer un sauveteur lors des massages cardiaques de longue durée

Le personnel se sert de check-list pour les inventaires

Véhicules médicalisés

Avant 2005, ce sont les sapeurs-pompiers qui véhiculaient les médecins SMUR de Meurthe-et-Moselle à bord de Véhicule Radio Médicalisé (VRM). En voici quelques uns du Centre de Secours Principal (CSP) de Toul. Renault Espace du 29/03/1996 au 17/10/1996

Contrairement à certaines idées reçues, les VML ou VLM ne permettent pas le transport de victimes. Ils assurent le transport du personnel et du matériel sur les lieux de la prise en charge. Une fois sur place, la victime est conditionnée dans une ambulance (sapeur-pompier, privée ou associative) et elle est médicalisée par le personnel

SAMU avec l'aide du matériel du VML. Mais une intervention qui est médicalisée ne débouche pas forcément sur la médicalisation du transport. Cette décision est prise par le médecin sur place, en collaboration avec le médecin régulateur, et en fonction de l'état de santé de la victime.

Ancien véhicule de renfort pour médicalisation du SAMU 54 sur châssis Peugeot 806 Turbo Essence de 150 ch

Véhicule de Liaison et de Commandement SMUR 54 actuel sur châssis Ford Mondeo Diesel de 140ch. Il sert au transport de personnel, à la convergence de médicaments sur les lieux d'une intervention lorsqu'il y a application d'un protocole et au renfort des équipes sur place.

VML Nancy sur châssis Mercedes Vito CDI 115, 150 ch, PTR 4,77T, PTC 2,77T, PV 1,7T. Mis en service en janvier 2005, ils sont tous équipés d'un GPS

Citroën Evasion 2,0l injection qui sert à tracter le PSM1 à Verdun

Le 2ème VLM est un Renault Kangoo 4X4 1,6l Diesel. Il est armé par du personnel puisé aux urgences car il n'y a qu'une équipe par jour de dédiée au SMUR. A côté la remorque Poste de Secours Médical.

Ancien VLM Verdun, un Renault Espace 2l Turbo Essence 175 ch

Véhicule Poste de Commandement du SAMU 57. C'est un Opel Zafira 1.6

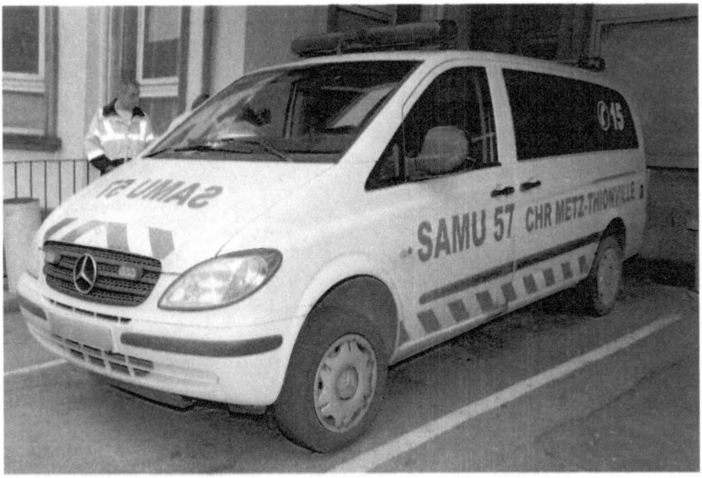

C'est une des VLM de Metz. Il s'agit d'un Mercedes Vito CDI 115, 150 ch

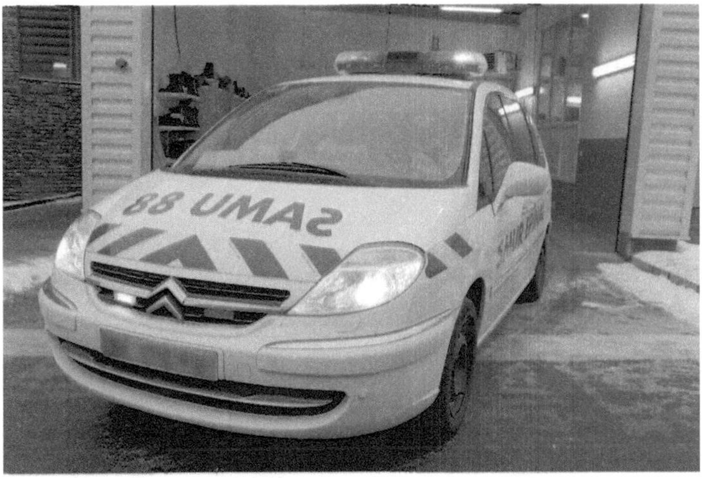

Le VML 1 Epinal : un Citroën C8 Diesel 163 ch

La porte coulissante latérale permet un accès facile au matériel

Il faut savoir qu'une demi-heure d'intervention du VML coûte 475 euros. Les prix sont élevés et doivent faire prendre conscience de la chance qu'offre notre système de santé.

Ambulances médicalisées

A Nancy, il y a 2 UMH (Unité Mobile Hospitalière). La première est d'usage courant pour des interventions secondaires (transfert entre hôpitaux) essentiellement. La deuxième se substitue à la première lorsque les patients sont en isolement infectieux ou lorsque la décontamination de l'UMH 1 est en cours. Ces ambulances de réanimation, appelées familièrement intra-lourde, contiennent toutes les deux du matériel permettant la médicalisation de victimes.

Son équipage est composé d'un conducteur ambulancier, d'un infirmier, d'un médecin sénior et parfois d'un stagiaire. Une demi-heure d'intervention est facturée 475 euros !

Lors d'un Transfert Infirmier Intra-Hospitalier (TIIH), il n'y a pas de médecin, seul le conducteur ambulancier et l'infirmier assurent le transport. Dans ce cas présent, le coût est de 302 euros la demi-heure. C'est l'établissement de santé demandeur du transfert qui s'acquitte de la facture. L'UMH peut aussi être employée, par défaut, pour réaliser une intervention primaire.

En Moselle, Meuse et Vosges, ce sont des ambulanciers privés qui réalisent les transferts secondaires par convention avec le SAMU départemental.

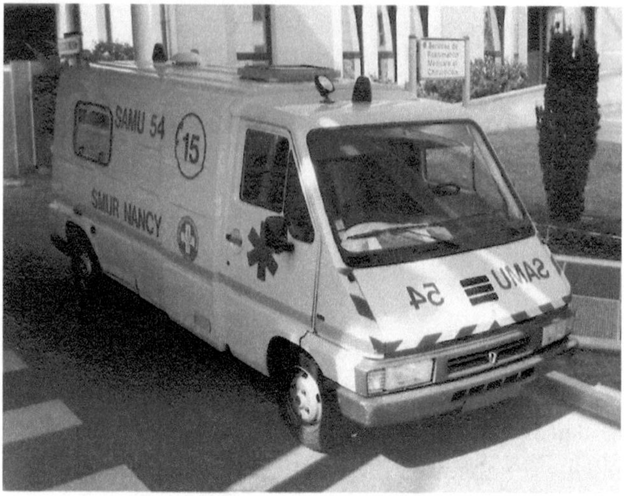

UMH Nancy jusque 2005, c'est un châssis Renault Master allongé. Lors de la prise de la photo, les urgences de Central sont en cours de rénovation

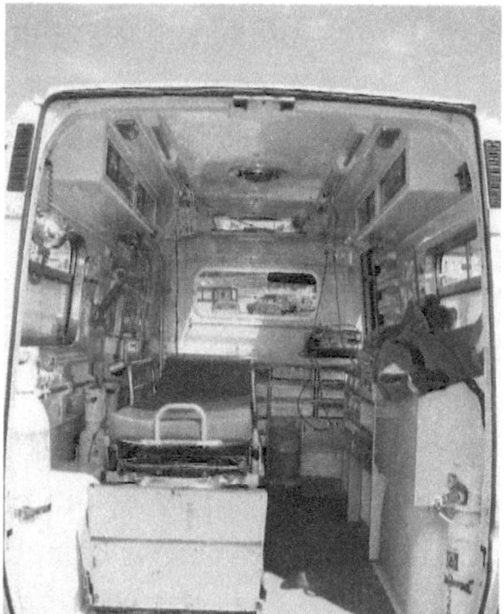

Intérieur de l'ancienne UMH

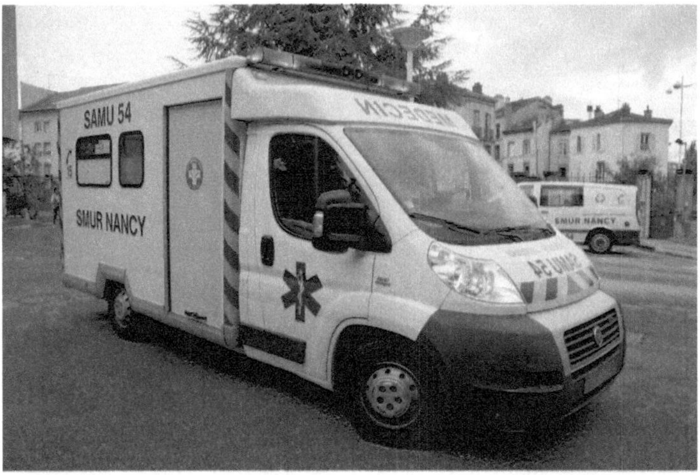

UMH 1 Nancy depuis septembre 2009. Fiat Ducato HDI modifié en 3,5 T, 160 ch, boîte 6 vitesses, réservoir augmenté à 125l de façon à permettre un transport régional voire extra-régional avec le même plein. La cellule de soins est dissociable du châssis si besoin. Elle a pour options des suspensions pneumatiques, une caméra de recul, un GPS, une cellule éclairée par des diodes électroluminescentes et des gyrodiodes.

Air de nostalgie…

Intérieur d'une ambulance du service SOS il y a une trentaine années...

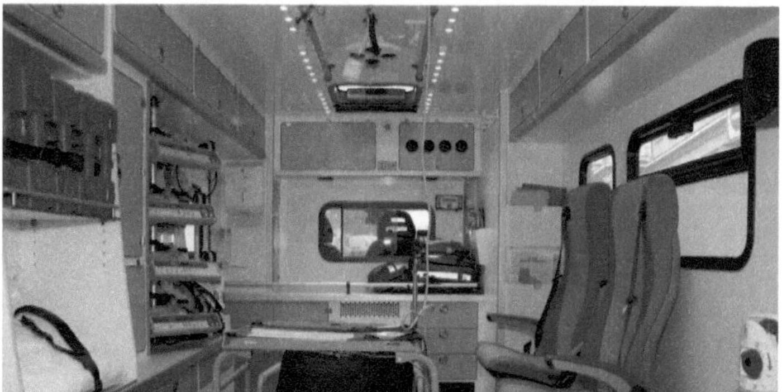

Et aujourd'hui... l'UMH actuelle

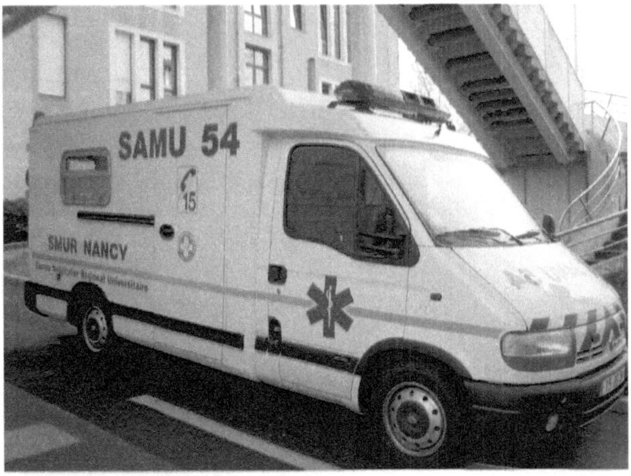

Renault Master dCI 120CV modifié en 3,2 T en fonction depuis 2005, actuelle UMH 2. Il est équipé d'un GPS, d'une climatisation de la cellule sanitaire et du poste de conduite, d'une gestion informatique par une unité centrale Type Pentium 42.7 GHz

SMUR du CHR Metz-Thionville permettant d'assurer les transferts secondaires

Ce véhicule est un Renault Master dCi 150. Il dispose d'une caméra de recul

Hélicoptère

Alouette III F-GIBB du SDIS 54 du 19 juillet 1989 au 10 juillet 1992, louée à la société Tecnavia basée à Nancy-Essey

Ecureuil Monoturbine F-GDFM du SDIS du 10 juillet 1992 à 1998, loué à la société Tecnavia

Le poste de pilotage : à gauche la place du médecin et à droite le pilote

Il y a très peu de place dans l'hélicoptère, ce qui entraîne quelques contraintes. L'état de santé du patient doit être stable car le personnel n'a pas un accès suffisant à la victime pour effectuer tous l'éventail des soins. D'autre part l'altitude provoque des variations de pression qui se répercutent sur la tension. L'espace est réduit et seules 2 places sont disponibles à l'arrière en plus du brancard

Auparavant, la section aérienne de la gendarmerie nationale de Metz mettait à disposition un hélicoptère en fonction de sa disponibilité. L'hélicoptère de la maréchaussée de Xonrupt-Longemer était médicalisé dès le début des années 80 pour intervenir dans les Vosges. De 1989 à 1998, un hélicoptère monomoteur rouge du service départemental d'incendie et de secours assurait les transports.

La Lorraine, qui compte 2 342 000 habitants (chiffres 2009), s'est équipée, depuis le 1er mars 1998, d'un hélicoptère de type EC 135. Depuis avril 2012, elle est dotée d'un nouvel appareil EC 135 T2 +, nommé F-HNLO, quasi identique au précédent. Il est plus puissant, il peut accueillir un passager de plus, les rangements du matériel ont été optimisés, le chargement des victimes peut maintenant se faire aussi par le côté et enfin l'instrumentation des outils de pilotage est plus évoluée.

Il répond aux exigences de la norme européenne JAROPS 3. Un contrat lie le CHU avec la société hélicoptères de France qui est l'exploitant. L'Agence Régionale Santé (ARS) finance la prestation qui inclut 500h de vol annuel soit environ 650 interventions. La convention prévoit les besoins de maintenance, de carburant, de mise à disposition de l'appareil 24h/24, de fourniture d'une machine de remplacement si nécessaire, de présence d'un pilote H24, d'un mécanicien et de maintien des compétences du personnel.

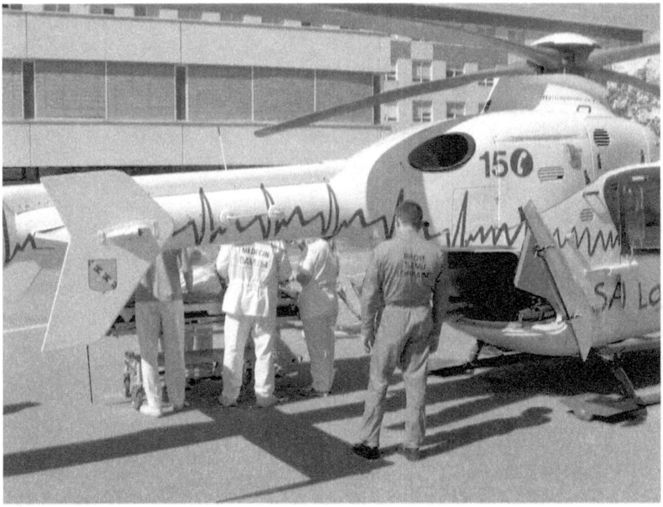

La victime est accompagnée par l'équipe médicale et paramédicale tout au long de son transfert

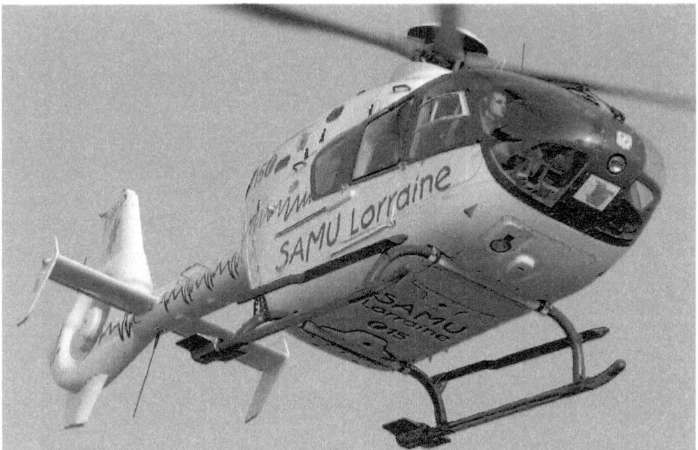

Patrick aux commandes

De nuit des projecteurs éclairent la piste

Fait rare, cette photo présente le F-GNLO à côté de son remplaçant F-GMTF afin de permettre à l'hélicoptère lorrain de se rendre à sa visite de contrôle à Gap

Décollage en plein été

L'expérience des pilotes permet de se poser presque partout en journée, ici sur une route mosellane

Toujours fidèle, avec un taux d'absentéisme insignifiant grâce à son mécanicien, l'EC 135 ne pourrait être aussi opérationnel sans ses 5 pilotes. Ils sont tous d'anciens pilotes militaires de l'aviation légère de l'armée de terre ou de l'armée de l'air. Afin de piloter pour le compte du SAMU, on leur demande au moins 1000 heures de vol comme commandant de bord dont 50 heures de nuit. A l'heure actuelle, ils cumulent entre 5000 et 10 000 heures de vol chacun.

A bord de l'hélicoptère, on retrouve, un pilote, un médecin sénior (département 54, 55, 57 ou 88) et un infirmier SMUR.

Ce bel outil est devenu un vecteur de secours essentiel pour la Lorraine et il serait impensable de s'en passer. Force est de constater qu'au-delà des services rendus, l'hélicoptère est une belle machine, puissante, stable permettant de décoller aussi facilement qu'on prend un ascenseur. D'ailleurs, il doit être en mesure de décoller en moins de 15 minutes le jour et 20 minutes la nuit, si les conditions météorologiques le permettent. En Lorraine, le point le plus éloigné de Nancy, peut être atteint en moins de 25 minutes. Il faut savoir qu'une minute d'intervention pour l'hélicoptère coûte 124 euros ! Cette somme vertigineuse insiste sur la nécessité absolue de ne pas abuser du système de santé et d'en apprécier les avantages.

Non loin des pistes de ski lorraines au stade de La Bresse

Photo très rare, lorsque l'oiseau de fer bénéficie de sa visite de contrôle des 800h de vol. Il est entièrement démonté et vérifié.

Si de jour l'hélicoptère peut atterrir à peu près n'importe où, il dispose néanmoins pour la nuit d'une carte balisée comportant pas moins de 110 points de posée répertoriés, se trouvant à moins d'un quart d'heure de route pour une jonction avec le SMUR le plus proche. Lorsque la météo est trop hostile, « l'hélico » est stationné sur l'aérodrome d'Essey-les-Nancy, là aussi où il fait le plein de carburant. Toutefois, comme tout appareil, il a des limites qui sont de 3 ordres :

- les conditions météorologiques défavorables (orage, neige, brouillard, faible visibilité horizontale ou encore un plafond de nuages bas)
- l'autonomie, en moyenne de 1h30 à 2h15, décroît lorsque l'altitude ou la température augmente car l'air devient moins dense
- le poids total des passagers

Patrick dans le bureau du pilote

Le choix d'une mission héliportée en Lorraine est effectué par le SAMU du département demandeur, mais c'est le SAMU 54 qui a un rôle de coordination des demandes.

En 2009, l'hélico Lorraine a effectué près de 600 interventions correspondant à 480h de vol.

« Lorsque nous sommes arrivés en ambulance, il y avait 5 victimes, toutes brûlées graves dont 2 adultes et 3 enfants. Les premières minutes, il y avait mille et une choses à faire. Apporter de l'oxygène, couvrir les brûlures de pansements spéciaux, demander des renforts, gérer l'entourage…

Les enfants criaient de douleur. Une jeune fille, prostrée sur le canapé, criait qu'il y avait de la fumée, qu'elle ne voulait pas mourir. C'était très dur.

Ce jour-là, le héros était la maman. N'écoutant que son cœur de mère, elle n'hésita pas à braver les éléments pour retourner chercher deux enfants manquant à l'appel. Son courage force l'admiration ! » un sapeur-pompier

Les interventions primaires

Accident impliquant un poids lourd qui s'est « couché » dans le fossé. Les soldats du feu sont à pied d'œuvre

Le rire est un bon rempart au stress. Ici juste avant un départ

Il s'agit d'aller chercher une personne blessée ou malade sur le lieu de l'accident. Cette réalité complexe, faite de douleur des familles, de situations invraisemblables ou de difficultés spécifiques liées au terrain, nécessite d'accomplir, hors des rouages huilés de l'hôpital, les gestes nécessaires à la survie.

Les secours tendent toujours à arriver le plus rapidement sur place

En 2009, 4262 personnes se sont tuées sur les routes françaises et 83 911 se sont blessées. La France compte encore 50 à 60 % de tués de plus que la Suède ou la Grande-Bretagne. D'après le rapport de l'académie nationale de médecine sur des données croix rouge, seulement 27 % de la population est formée à accomplir les gestes qui sauvent et les équipes du SAMU doivent sans cesse se battre pour redonner souffle à la vie.

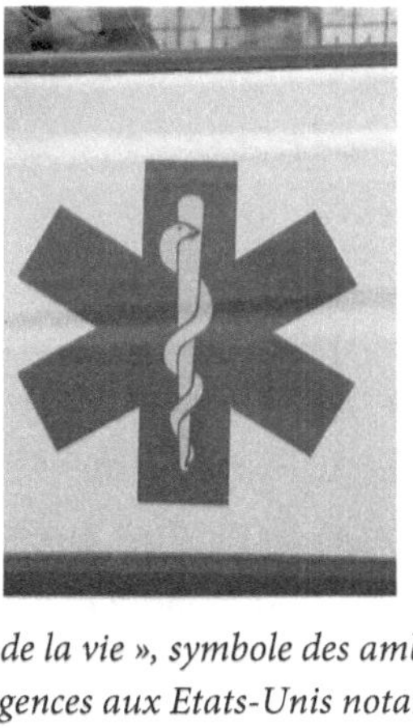

La « star de la vie », symbole des ambulances et des urgences aux Etats-Unis notamment.

L'étoile de vie a été conçue par Léo R. Schwartz, responsable du département des urgences au sein du service de sécurité autoroutière (National Highway Traffic Safety Administration). L'étoile de vie a été créée après que la Croix-Rouge américaine s'est plainte en 1973 de l'utilisation commune d'une croix orange Omaha sur un fond carré blanc réfléchissant qu'ils ont vu comme une imitation du symbole de la Croix-Rouge. Le NHTSA a enquêté et a estimé que la plainte était justifiée. La nouvelle conception a été adaptée du symbole d'identification médical de l'association médicale américaine. La croix à six barres, nouvellement conçue, a été enregistrée comme une marque de certification le 1 février 1977 par le commissionnaire des brevets et des marques de commerce au nom du NHTSA.

Chacune des branches de l'étoile de vie bleue représente les six fonctions du système des services de secours d'urgence américains :

- repérage
- alerte
- intervention
- secours sur place
- soins en cours de transport
- transfert en service hospitalier

Dessus le bâton d'Asclépios est un attribut du dieu Asclépios dans la mythologie grecque. Il est représenté comme un bâton le long duquel s'enroule un serpent. Le bâton d'Asclépios est utilisé comme symbole médical dans de nombreux pays (on rencontre aussi le terme « caducée d'Asclépios » ou « caducée médical » dans ce contexte, par analogie avec le caducée d'Hermès). Il ne doit pas être confondu avec la coupe d'Hygie, utilisée par les professions pharmaceutiques.

Arrivée sur les lieux du véhicule engagé pour une douleur thoracique à domicile

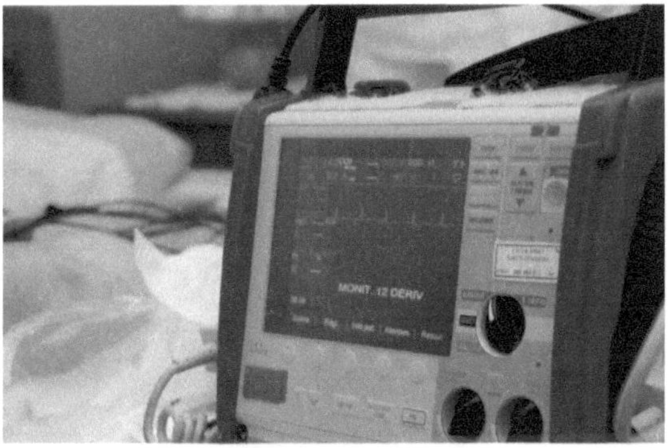

La surveillance est constante

« Je venais de vivre une intervention très difficile. Sur 3 victimes d'un accident de la route, 2 étaient décédées et 1 dans un état grave. Les cadavres étaient maculés de sang, l'un d'entre eux avait la boite crânienne ouverte. Le soir, je suis rentré chez moi et après avoir déposé mes rangers au sol, au moment de me relever, j'ai eu l'impression d'apercevoir le corps sans vie de l'homme accidenté de l'après-midi ! Mon sang se glaça. Cette impression survint de nouveau quelques heures plus tard. Je n'arrivais pas à dormir, je *n'arrêtais pas de me retourner dans mon lit. Et lorsque j'ouvris les yeux, de nouveau l'impression d'avoir le cadavre face à moi. Après quelques jours, le phénomène s'estompa. » un sapeur-pompier*

Le médecin recueille les informations sur une fiche bilan qui sert aussi de transmissions écrites

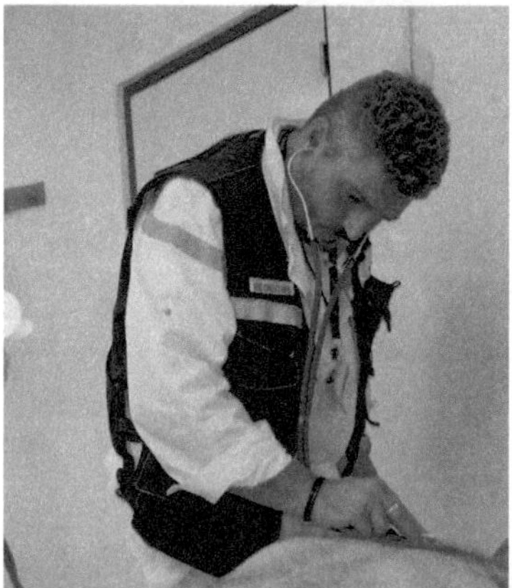

Auscultation pulmonaire par Cédric

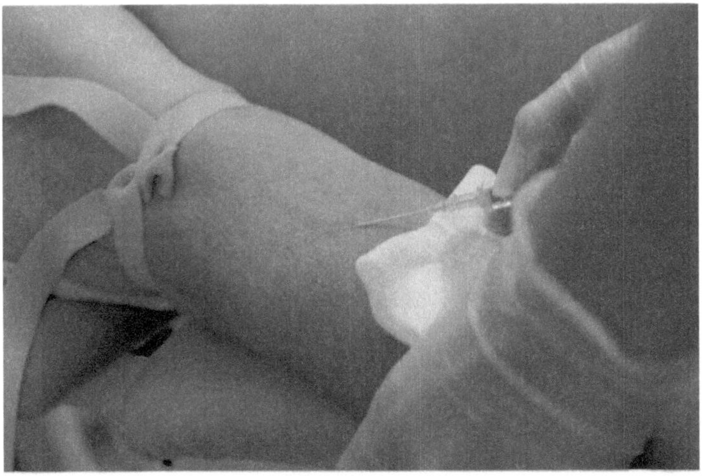

Pose d'une voie veineuse périphérique

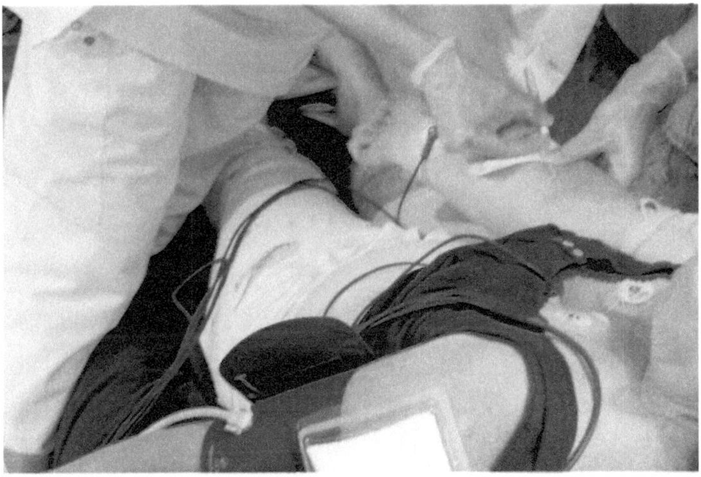

Abord veineux

Pendant une intervention

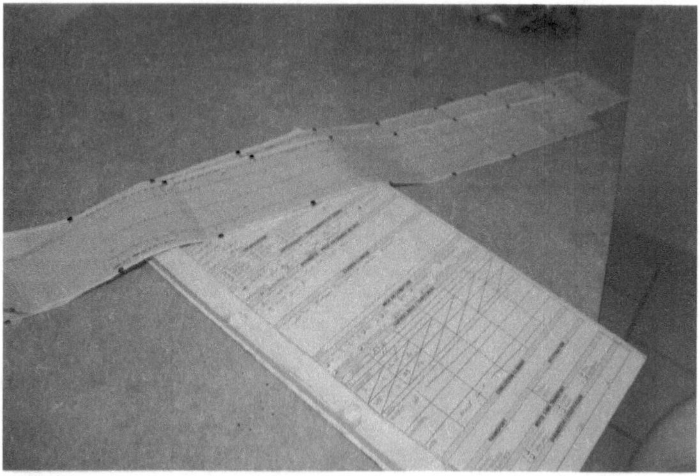

Sur la table la fiche bilan et l'ECG qui ne révèle pas d'infarctus cette fois-ci

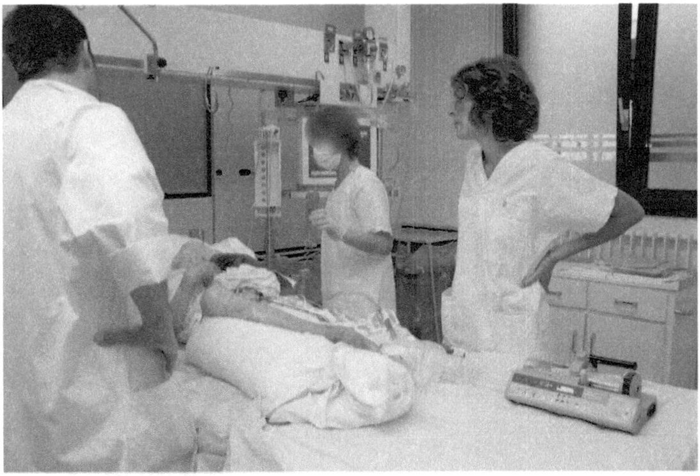

En réanimation médicale de l'hôpital Central de Nancy, l'infirmière SMUR fait ses transmissions à l'infirmière qui va prendre en charge la patiente. Le personnel soignant du service receveur assure immédiatement la suite de la prise en charge

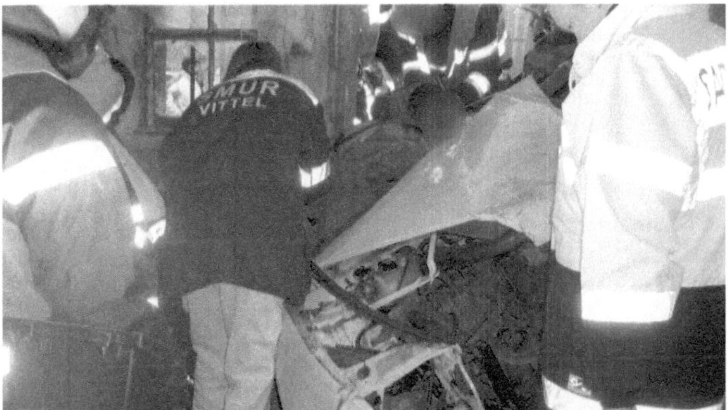

Accident de la voie publique dans les Vosges en mars 2011. La 305 est rentré dans un corps de ferme. Le SMUR Vittel est sur place

Accident surprenant, un ULM vient de s'écraser sur une maison

Janvier 2011. Le jeune conducteur a perdu le contrôle de son véhicule

Les motards payent un lourd tribut aux victimes de la route. Juin 2009

AVP août 2011. La 206 est encastrée dans un arbre. La cinétique du choc est effroyable. Les jeunes occupants sont sortis un à un. La route vient de tuer. Mais certains détails comme cette bouteille d'alcool qui jouxte le sol rappelle que l'alcool est un fléau incompatible avec la conduite. Au milieu de cet amas de tôles, on distingue un corps sans vie…

Une fois de plus, toujours une fois de trop, le linceul est sorti

La violence du choc s'exprime clairement

« Je me réfugie dans la technicité du geste pour ne pas penser à la douleur de la victime » un ambulancier smur

Les interventions secondaires

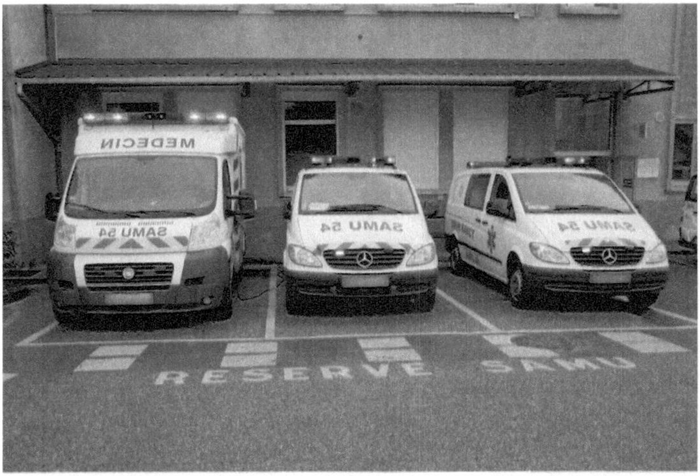

Véhicules d'intervention : UMH 1, VML 1, VML 2 Nancy

Les interventions secondaires sont des interventions médicalisées ou paramédicalisées inter-hospitalières, ayant pour but de transférer un malade d'un hôpital à un autre afin de le faire bénéficier de soins ou d'explorations spécialisés sans que la chaîne des soins médicaux ne soit interrompue.

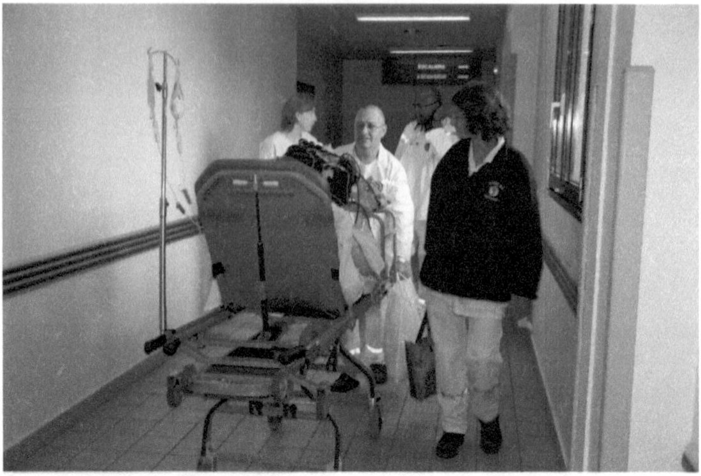

De retour sur Nancy, la patiente est dirigée sur la réanimation médicale de Central.

Arrivée au secteur 1 de réanimation médicale

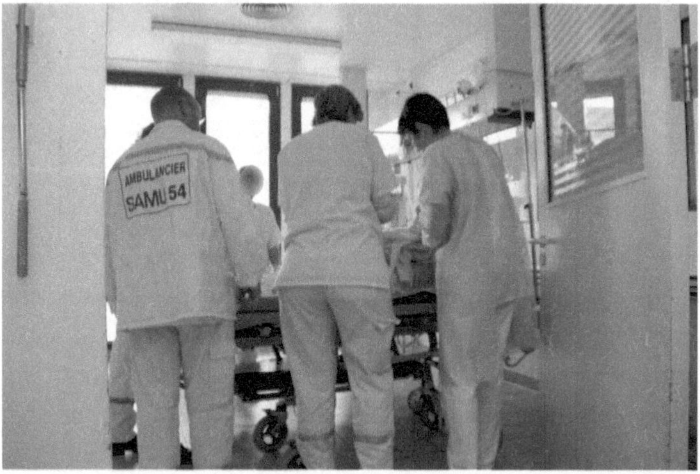

Transfert du brancard au lit d'hospitalisation.
Les transmissions se font entre équipe intervenante et service receveur.
Cet exercice demande de la coordination

« Notre premier mort on s'en souvient tous. Pour ma part, j'avais 19 ans et la victime en avait 21 !

Dur de comprendre que nos gestes si bien appris si bien rodés ne servaient plus à rien, que nos efforts étaient vains ! De plus, la famille arrivant quelques minutes plus tard, il fallu affronter la douleur de sa mère, la douleur de sa sœur que je connaissais personnellement car les années collège nous avaient poussés sur les mêmes bancs quelques années plus tôt. » un sapeur-pompier

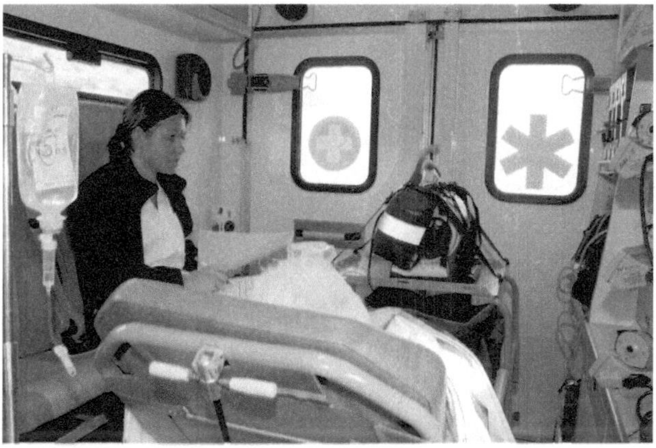

Pendant un transfert en UMH. Stéphanie, infirmière, assure la surveillance du transfert

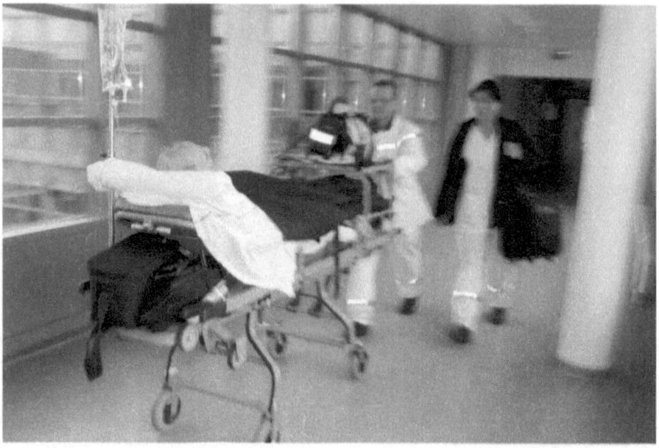

TIIH vers le bâtiment Louis Mathieu

Les interventions pédiatriques
Le SMUR néonatal

Depuis sa création le service de néonatologie de la maternité régionale de Nancy a toujours assuré le transfert des nouveau-nés malades et/ou prématurés.

En 1983, une ambulance répondant spécifiquement aux conditions de la réanimation néonatale est aménagée et dédiée à ce type de transport.

C'est en 1991 qu'ont été entreprises les premières démarches pour la création officielle d'un Service Mobile d'Urgence et de Réanimation Néonatale (SMURN). Une convention fixant les modalités de participation et d'organisation du SMURN est signée en janvier 1994 entre le CHU, le SAMU et la maternité régionale à la suite d'une réflexion et d'un travail entre le Pr Larcan et le Pr Hascoët, actuel chef de service de la néonatalogie. L'idée était de pouvoir assurer la meilleure prise en charge des pathologies néonatales et l'efficience des soins spécifiques prodigués.

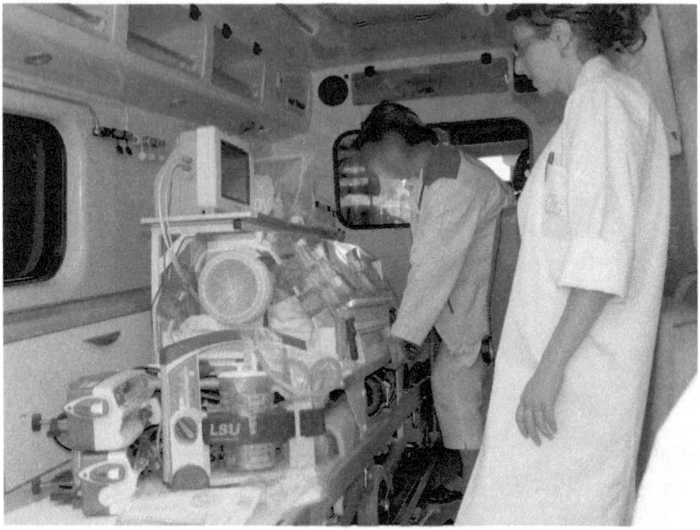

Pendant le transport d'un nouveau-né vers la maternité régionale de Nancy

Aujourd'hui, le SMURN occupe une place importante au sein du réseau des urgences en Lorraine en assurant la coordination entre les différents centres hospitaliers.

Au cœur du réseau périnatal lorrain, il facilite la prise en charge des nouveau-nés en assurant un transport en toute sécurité des enfants prématurés et/ou malades entre les différents pôles de soins (maternité, service de néonatologie, service de pédiatrie).

L'équipe d'urgence est basée à la maternité régionale universitaire de Nancy au cœur du service de réanimation néonatale (service référent de niveau III régional).

Le déclenchement de ce SMUR se fait soit par le SAMU d'un des 4 départements de Lorraine après régulation (environ 25 % des demandes), soit par le service demandeur de l'intervention du SMUR qui appelle directement en réanimation néonatale de la maternité régionale de Nancy (environ 75 % des demandes).

En concertation avec le SAMU 54, le SMURN fonctionne avec une société d'ambulance privée. Une convention de fonctionnement et une délégation de régulation permet une meilleure disponibilité ainsi qu'une réponse rapide et adaptée à toutes les demandes. Actuellement une informatisation de la régulation néonatale est en train de se mettre en place permettant une régulation conjointe avec le SAMU 54 par le biais d'une interface commune.

Pour chaque transport spécialisé l'équipe se compose :

• de 2 ambulanciers qui suivent une formation au moins 1 fois par an à l'utilisation du matériel spécifique et à l'application des protocoles d'hygiène et de désinfection.

• d'un médecin pédiatre néonatologiste senior

• d'un personnel soignant (infirmière, puéricultrice, sage-femme) formé à ce type de transport, ayant validé une année d'activité en réanimation néonatale et qui travaille dans le service depuis plusieurs années.

En 2009, le SMUR néonatal de Nancy a effectué 594 interventions réparties de cette façon :

- 247 interventions primaires
- 289 interventions secondaires
- 58 transferts pour consultations spécifiques

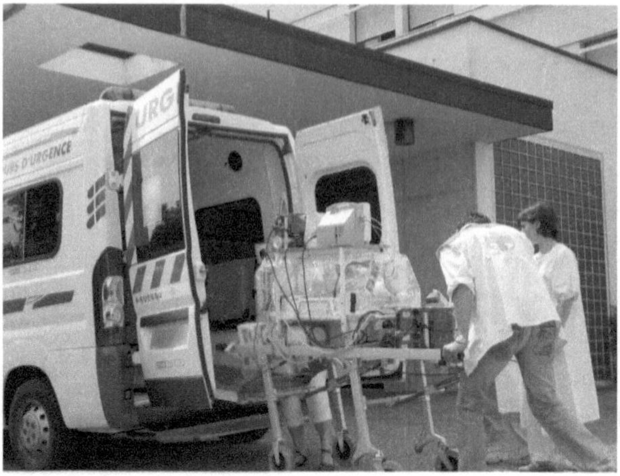

Le brancard ainsi équipé doit se manipuler avec beaucoup de précautions

Le secteur d'intervention s'étend sur toute la région Grand Est et parfois au-delà comme en Haute-Saône.

Il existe plusieurs types de transport :

– les interventions primaires : qui ont lieu au domicile, dans les lieux publics ou sur la voie publique.

– les interventions secondaires :

• transports inter-hospitaliers d'enfants hospitalisés dans une structure de néonatologie, de pédiatrie ou maternité, et dont l'état clinique ne permet plus à l'équipe pédiatrique en place d'en assurer la prise en charge et le suivi, vers un établissement de niveau de soins adapté à la pathologie lui permettant cette prise en charge,

• transports inter-hospitaliers d'enfants hospitalisés dans une structure de néonatologie et qui nécessite l'intervention d'un spécialiste pour un acte thérapeutique ou diagnostique (chirurgie, pose de sonde, cathétérisme, scanner, IRM…),

• transports inter-hospitaliers d'un nouveau-né vers son établissement d'origine pour la poursuite de la prise en charge ou pour permettre le rapprochement familial.

Ces différentes interventions du SMUR néonatal se font par voie héliportée ou terrestre en fonction des besoins.

En France, les maternités sont définies de la manière suivante :

- type 1 : maternité
- type 2a : maternité + néonatologie
- type 2b : maternité + néonatologie + soins intensifs
- type 3 : maternité + néonatologie + soins intensifs + réanimation néonatale.

Principales pathologies motivant une prise en charge par le SMUR néonatal pour la prise en charge de nouveaux nés (âge inférieur à 28 jours) :

- infection materno-foetale
- prématurité
- retard de croissance intra-utérin
- détresse respiratoire néonatale
- cardiopathie congénitale
- syndrome malformatif
- souffrance fœtale aiguë
- urgences chirurgicales
- maladie métabolique…

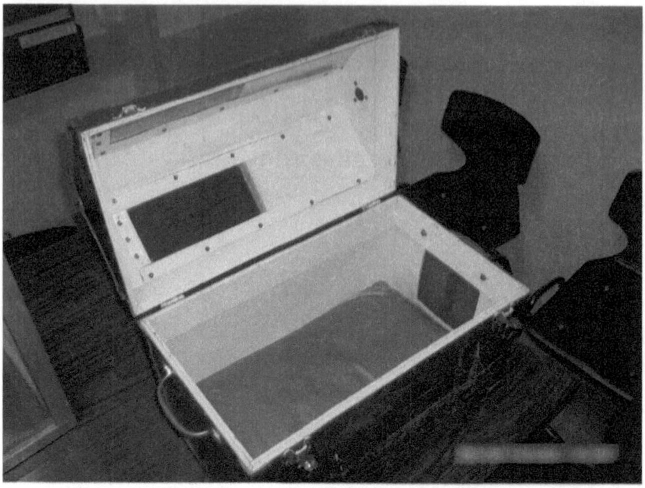

Cet incubateur, modèle 1950, a servi aux transports des enfants de la maternité de Nancy vers 1966. Le maintien de la chaleur était assuré grâce à une bouillote.

Dans le cas exceptionnel d'une naissance inopinée avant terme à domicile, le SMURN prêtera main forte au SMUR adulte pour l'accouchement afin d'accueillir le nouveau-né dans de bonnes conditions. Une prise en charge rapide et adaptée à la naissance permet de diminuer les risques de séquelles et de complications.

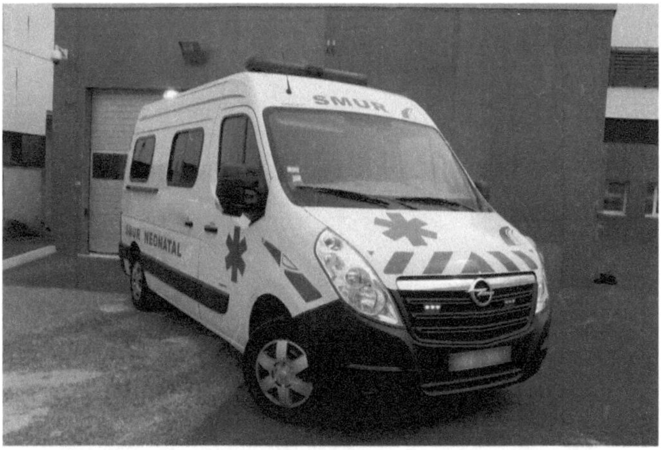

Opel Movano Diesel F3500, actuel SMUR Néonatal servant aux grandes distances

Les prouesses techniques et humaines permettent aujourd'hui de donner une chance aux familles et aux enfants prématurés et/ou de faible poids de naissance.

L'actuel responsable de l'équipe du SMUR néonatal de Nancy, le Docteur Rouabah, confie son plus beau souvenir :

« Une femme venait d'accoucher sur la voie publique. La prise en charge du nouveau-né très prématuré avait nécessité une grande mobilisation de l'équipe de régulation du SMUR néonatal, de l'équipe médicale mobile ainsi que l'équipe de réanimation néonatale. Ce bébé montrait une très grande difficulté à l'adaptation cardiorespiratoire. Malgré un contexte difficile, et après quelques instants de réanimation par l'équipe du SMUR néonatal, son petit cœur s'est mis à battre et aujourd'hui cet enfant est en parfaite santé grâce à cette bataille pour la vie. »

« Quand des enfants sont en cause c'est toujours difficile » un ambulancier smur

Le SMUR pédiatrique

Veste d'intervention

Le SMUR pédiatrique à Nancy existe administrativement depuis 2009, mais son activité a réellement débuté au cours des années 80.

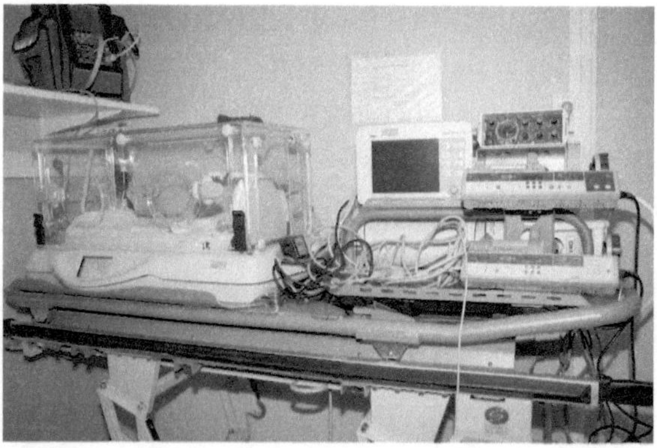

Brancard spécialement étudié pour pouvoir s'insérer dans l'hélicoptère avec son matériel technique

Lorsque l'état de santé d'un enfant se détériore dans un service d'hospitalisation, c'est le médecin du service qui appelle directement la réanimation pédiatrique pour obtenir un conseil et/ou organiser le transfert inter-hospitalier. Lorsque l'intervention est nécessaire, le pédiatre de réanimation contacte le SAMU pour organiser le transport. Ces transports secondaires représentent plus de 90 % de leur activité.

Depuis le 1er novembre 2011, le SMUR pédiatrique de Nancy Brabois est équipé d'un VML afin de faciliter leur mobilité lors d'interventions primaires.

Un médecin et une infirmière peuvent être dépêchés à tout moment sur une intervention sur le Grand Nancy pour tout enfant de moins de 20 kg ou de moins de 4 ans, en complément du SMUR adulte.

Leur activité étant très récente, il n'y a pas encore de statistiques disponibles mais on peut d'ores et déjà estimer qu'ils effectuent en moyenne 1 intervention primaire par semaine.

Le secteur d'intervention secondaire s'étend, lui, sur toute la région Lorraine et en 2009 le SMUR pédiatrique a effectué 106 interventions réparties de la sorte :

- 12 % en Meuse (55)
- 35 % en Meurthe-et-Moselle (54)
- 32 % en Moselle (57)
- 19 % dans les Vosges (88)

Les trois quarts du temps, c'est un vecteur terrestre qui est utilisé pour véhiculer le personnel et le matériel, souvent une ambulance privée. Dans les autres cas, c'est l'hélicoptère qui permet de les acheminer.

Intervenant pour tous types de pathologies, ils sont

équipés de 2 sacs d'intervention et d'un brancard avec couveuse pour les enfants de moins de 5 kg. Toujours en binôme, c'est un pédiatre réanimateur et une infirmière expérimentée de réanimation qui agissent lors d'interventions primaires. Lors de transports secondaires un interne « séniorisé » (qui a de l'ancienneté dans le service) remplace parfois le pédiatre réanimateur.

Un arbre décisionnel permet de définir quel SMUR se déplace en fonction de l'âge de la victime :

- de 0 à 28 jours ou s'il n'est jamais rentré à la maison → SMUR néonatal
- moins de 4 ans ou s'il est déjà rentré à la maison → SMUR pédiatrique
– plus de 4 ans → SMUR adulte

« Lors d'interventions impliquant des enfants, il y a en plus le stress des parents et de la famille à gérer » un ambulancier smur

« Les interventions pour des enfants entraînent une importante implication affective »
Dr Maria, Pédiatre réanimateur au chu Nancy

« De façon générale, les interventions pour des enfants sont moins habituelles que les adultes. Sur place, on attend beaucoup de nous » Dr Maria, Pédiatre réanimateur au chu Nancy

Le déchocage

C'est le terme consacré pour désigner le lieu d'accueil des patients arrivant aux urgences ayant au moins une détresse vitale, c'est-à-dire des patients qui présentent une insuffisance aigüe d'au moins un organe, et nécessitant des soins de réanimation tant médicaux que chirurgicaux. Il est encore appelé Structure d'Accueil des Urgences Vitales (SAUV).

C'est un lieu d'accueil pluridisciplinaire où centré sur un patient qui va mal, se retrouvent toutes les spécialités nécessaires à sa survie immédiate : urgentistes, réanimateurs médicaux et chirurgicaux, chirurgiens, radiologues. Ils vont unir leurs compétences pour parer au plus pressé et permettre au patient critique d'atteindre les blocs opératoires ou les services de réanimation.

Il y a 5 postes d'accueil au déchocage de l'hôpital Central à Nancy. Pour Metz, 4 postes et pour Epinal 2 sont effectifs. Un médecin, une infirmière et une aide-soignante sont affectés sur ce poste.

Verdun a la particularité de pouvoir accueillir des urgences adultes et pédiatriques au sein du même service d'urgence. 3 postes au déchocage accueillent les urgences vitales dont 1 lit est dédié à la pédiatrie.

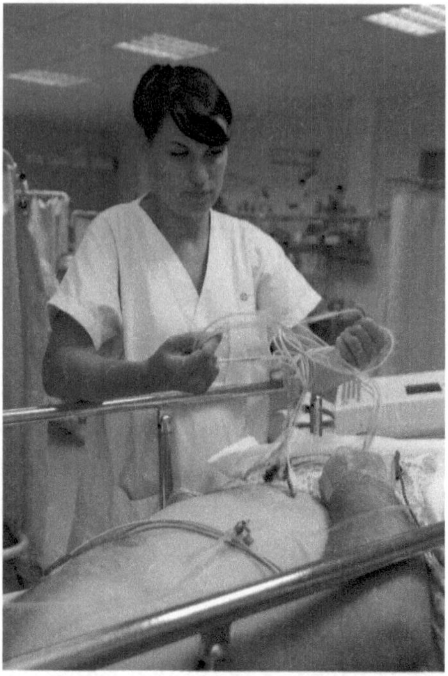

Céline, infirmière aux urgences, s'occupe d'un homme qui vient de faire une tentative de suicide. Ici au déchocage

Réalisation d'un électrocardiogramme (ECG)

« Sur le coup je suis là pour faire mon travail et je me concentre là-dessus » un ambulancier smur

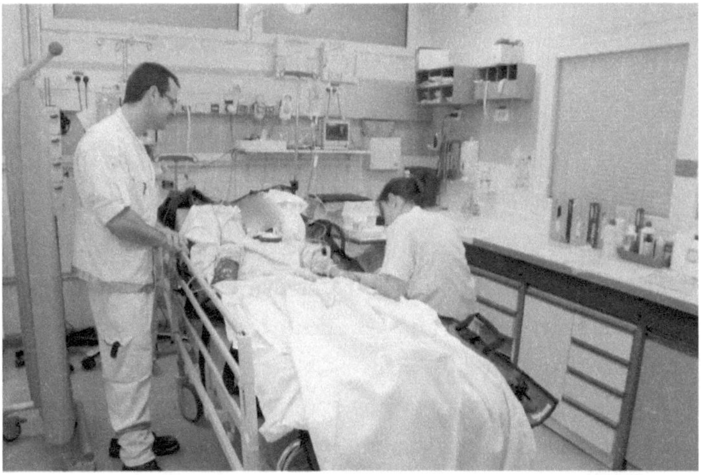

Le déchocage des urgences d'Epinal. Céline en train de poser une voie veineuse périphérique. La dénutrition et la déshydratation touche facilement et rapidement les personnes âgées. Il convient de rester attentifs à nos séniors

A la tête des brancards, il y a du matériel technique spécifique permettant une surveillance continue et des soins précis.

Aux urgences, les dossiers des patients sont informatisés grâce au logiciel ResUrgences®. Il permet notamment une communication en temps réel des informations. Lorsque l'admission d'un patient au déchocage est nécessaire, le SAMU informe l'équipe hospitalière qui peut se préparer à l'accueil et à l'anticipation des dispositifs et médicaments à prévoir.

« On essaye de gérer le stress des appelants déjà en les rassurant par une voix calme. Bien sûr chaque cas est différent, et il faut faire preuve de beaucoup d'adaptabilité et de sang-froid. » une permanencière au centre 15

La qualité

Plusieurs groupes travaillent dans chaque hôpital afin d'améliorer la qualité du service. L'évaluation se concrétise, par exemple, par l'analyse de données informatiques traduisant l'activité du service.

Cela passe aussi par des enquêtes auprès des patients sous la forme de questionnaires.

Différents travaux sont en cours comme :

– la prise en charge de la douleur (démarche continue),

– la prescription anticipée par l'Infirmière d'Orientation et d'Accueil (IOA),

– la personne non communicante.

Plusieurs axes d'amélioration sont donnés comme :

les données saisies en salle de régulation comprenant le nom, prénom, date de naissance du patient et le nom du médecin traitant

l'exhaustivité de saisie des informations notamment pour faciliter la facturation

l'amélioration du temps de réponse sur un déclenchement de SMUR. L'objectif étant de diminuer le temps s'écoulant entre la prise de décision et la sortie effective du SMUR.

Le comité paritaire

Il est composé de différents membres :

- les 3 signataires de la convention ou leurs représentants,
- le Directeur Départemental du Service d'Incendie et de Secours (DDSIS) et le médecin chef du SSSM ou son représentant,
- des représentants du centre hospitalier siège du SAMU dont le directeur du SAMU ou son représentant,
- des représentants des ambulanciers privés.

Peuvent également être associé le directeur de l'ARS, le médecin inspecteur de santé publique, le directeur de la CPAM ou leur représentant, et tout autre personnalité qualifiée dont l'audition parait utile et nécessaire à la prise de décision.

Le comité se réunit au moins 1 fois par an avant le comité départemental de l'aide médicale urgente de la permanence des soins et des transports sanitaires (CODAMUPS). Il peut être réunit chaque fois que cela est nécessaire sur l'initiative d'un des signataires de la convention, du directeur médical du SAMU, du DDSIS ou du médecin chef du SSSM.

Il a pour rôle de :

- recueillir les données statistiques d'activité

opérationnelle et du traitement d'alerte,

– évaluer la qualité en vérifiant le respect des protocoles,

– recueillir tous les incidents ou dysfonctionnement et les analyser,

– proposer des améliorations au CODAMUPS,

– valider la liste des carences et actualiser les tarifs,

– décider, après analyse, de la prise en charge financière des moyens sapeurs-pompiers engagés dans le cadre du fonctionnement dégradé.

Le comité départemental de l'aide médicale urgente de la permanence des soins et des transports sanitaires (CODAMUPS)

Au vu des analyses du comité paritaire d'évaluation, le CODAMUPS, présidé par le Préfet, veille à l'adaptation et à la qualité de distribution de l'aide médicale urgente et des secours d'urgence dans le département et à son ajustement aux besoins réels.

« J'ai un jour un appel d'une personne de 48 ans qui appelle car elle dit être tombée chez elle et ne plus arriver à se relever. Lorsque les pompiers pénètrent dans son appartement le téléphone fixe se trouve à environ 10m d'elle. Ils lui demandent comment elle a fait pour alerter. C'est alors que cette femme se lève, décroche le téléphone puis se recouche au même endroit et dit : Voilà comment j'ai fait ! Les pompiers étaient stupéfaits. » une permanencière

Les plans d'urgence
Le plan ORSEC NOVI

En France, le plan orsec novi est un plan de secours destiné à secourir un nombre important de victimes dans un même lieu, et à organiser les moyens de secours pré-hospitalier par rapport à cette concentration de victimes. Il est à distinguer, du plan blanc qui est destiné à organiser les soins à l'arrière, et du plan ORSEC qui est destiné, lui, à faire face à l'insuffisance des secours (moyens dépassés). Ces trois plans peuvent être déclenchés de manière indépendante, cependant le plan blanc est souvent déclenché avec le plan orsec novi afin de faire face à l'afflux de victimes évacuées de l'avant par le dispositif plan orsec novi.

Il est basé sur quatre concepts :

– organisation rationnelle des moyens : il faut éviter que les moyens ne se gênent mutuellement, préserver des moyens pour les autres situations d'urgence, organiser les différents intervenants et leurs actions par une hiérarchisation des mesures à prendre et des victimes à traiter,

– une double chaîne, l'une centrée sur la gestion globale du chantier, l'autre sur la prise en charge des victimes,

– l'installation d'un poste médical avancé à proximité de la catastrophe pour les premiers soins,

– un double commandement, l'un sur le site qui se charge de la gestion des opérations de secours, et l'autre, distant, qui se charge des renforts et de la logistique.

Simulation d'un exercice plan rouge sur la base aérienne de Toul-Rosières en 2010

ACEL/Catastrophe

- ACEL : Accident Catastrophique à Effets Limités : secours professionnel en nombre suffisant pour rapidement circonscrire le sinistre et rapidement les moyens sont supérieurs aux besoins (ex : chute de grue, carambolage…)

- Catastrophe : inadéquation prolongée entre les besoins et les moyens, grand nombre de victimes, dégâts matériels important (ex : raz de marée, séisme…)

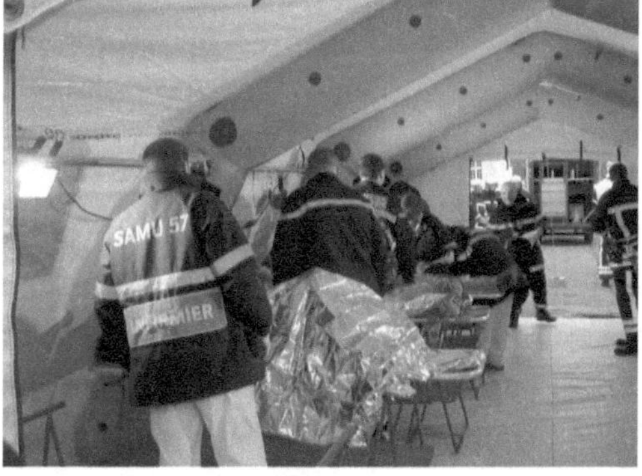

L'activité de cette fourmilière est impressionnante. La participation à des exercices de grande ampleur est parfois interdépartementale

Historique :

- Janvier 1975 : Attentats d'Orly → élaboration du plan bleu blanc rouge
- Février 1978 : Explosion rue Raynouard à Paris → plan rouge unique
- Mars 1979 : Explosion rue St Ferdinand à Paris → regroupement des victimes
- Attentats 1985-86, accidents ferroviaires 1988 → plan rouge national en 1989
- Vagues d'attentats RER St-Michel, Orsay, Port-Royal…
- Attentats de Madrid en avril 2004 et Londres en juillet 2005 → plan rouge alpha

Le plan ORSEC NOVI (Organisation de la Réponse de Sécurité Civile pour de Nombreuses Victimes) est le successeur du plan rouge mieux connu sous ce nom.

Sauvetages en cours – Exercice plan rouge au lycée Majorelle de Toul en 2008

Avant le plan orsec novi, lorsqu'une catastrophe se produisait, on envoyait des équipes de secours sur place qui, par le biais des ambulances, transportaient ensuite les victimes vers les différents hôpitaux. Cette stratégie ne faisait que déplacer le problème à l'hôpital puisque les victimes n'étaient pas triées au préalable, avant d'être soignées et orientées vers les structures adaptées aux blessures.

Fort de ces constatations, la brigade de sapeurs-pompiers de Paris effectua un travail qui déboucha sur la présentation de la circulaire N° 89-21 le 19 décembre 1989. Elle est relative au contenu et aux modalités d'élaboration des plans destinés à porter secours à de nombreuses victimes dénommés plans rouges. Le décret 2005-1157 a remplacé le plan rouge par la disposition ORSEC NoVi qui est un plan ORSEC de 3ème génération.

C'est un dispositif capable de s'adapter à tout type de situation d'urgence, complété par des dispositifs spécifiques propres à certains risques particuliers préalablement définis (Plan Particulier d'Intervention).

C'est une nouvelle organisation modulaire, selon les circonstances, progressive, selon l'ampleur, adaptée, selon les risques, et adaptable selon la situation.

Déclenchement du plan orsec novi :

Le but est de mettre en œuvre des moyens de secours dans un délai le plus court possible.

Dès l'alerte, le service départemental d'incendie et de secours et le SAMU engagent des moyens sur les lieux de l'évènement. Ceux-ci font un 1er bilan et rendent compte à leur hiérarchie.

La demande de plan rouge est faite le plus souvent par le 1er Commandant des Opérations de Secours (COS). Son déclenchement se fait uniquement sur ordre du Préfet du département qui est alors le directeur des opérations de secours.

Pour avoir un maximum d'éléments, le Préfet a besoin de connaître rapidement le lieu, la nature de l'accident ainsi que le nombre de victimes, leur catégorisation sommaire et la pathologie dominante.

Le plan orsec novi est activé lors d'Accident Catastrophique à Effets Limités (ACEL) lorsqu'il y a au moins 10 victimes dont 1 dans un état grave. Il va avoir pour but de remédier aux conséquences d'une situation accidentelle déclarée, en prenant en compte les impératifs suivants :

- organisation rationnelle du commandement,
- rapidité de mise en place des moyens,
- emploi des moyens suffisants et adaptés,
- coordination dans la mise en œuvre de ces moyens, notamment une bonne organisation dans la régulation médicale.

Rapidement affluent différents services comme les sapeurs-pompiers, le SAMU, les forces de l'ordre, les autorités et parfois les transporteurs sanitaires privés ainsi que les associations de secourisme.

En Meurthe-et-Moselle, le déclenchement du plan rouge prévoit l'engagement d'emblée de :

12 VSAV, 2 VML, 7 FPT, 3 FIL, 3 VPMA, 2 VTP, 1 VLROG, 1 VPC, 1 VSR, médecins et infirmiers du service de santé et de secours médical et du SMUR :

- VSAV : Véhicule de Secours et d'Assistance aux Victimes
- VML : Véhicule Médicalisé Léger
- FPT : Fourgon Pompe Tonne
- FIL : Fourgon d'Incendie Léger
- VPMA : Véhicule Poste Médical Avancé
- VTP : Véhicule de Transport du Personnel
- VLROG : Véhicule de Liaison Radio de l'Officier de Garde
- VPC : Véhicule Poste de Commandement
- VSR : Véhicule de Secours Routier

- SSSM : Service de Santé et de Secours Médical (médecins, infirmiers sapeurs-pompiers)

- SMUR : Structure Mobile d'Urgence et de Réanimation (médecins, infirmiers du SAMU)

Ceci permet d'avoir, le plus rapidement possible, une juste adéquation entre les besoins et les moyens, pour les professionnels qui circonscrivent le sinistre.

Sur place : La prise en charge est différente du quotidien ; on doit sauver le plus grand nombre.

Le ramassage (brassards ou chasubles de couleur rouge) :

Sur le chantier, les sapeurs-pompiers pratiquent le secourisme de l'avant. Ils mettent les victimes en position d'attente et les repèrent à l'aide de couverture de survie. Les équipes médicales et paramédicales mettent en condition de survie afin de diriger les victimes vers le Poste Médical Avancé (PMA), c'est la noria de ramassage.

La puissance du matériel d'éclairage est un élément déterminant pour des interventions de nuit

Le PMA (brassards ou chasubles de couleur blanche) :

C'est une structure qui se conçoit à l'avant en cas de phénomène catastrophique aboutissant à un afflux massif de victimes. Il peut être en structure dure ou fixe mais répond à plusieurs critères. Il s'agit d'un local vaste, chauffé, éclairé, disposant d'au moins 2 accès et d'un point d'eau.

– Le tri est une étape importante. A l'entrée du PMA, un médecin chevronné à l'urgence trie les victimes en 4 catégories :

- → – Urgences Absolues (UA) : détresses vitales
- → – Urgences Relatives (UR) : soins différés
- → – Urgences Médico-Psychologiques (UMP) : victimes traumatisées psychologiquement prises en charge par les Cellules d'Urgence Médico Psychologique
- → – Décédés (DCD) pris en charge par les unités médico légales

On leur attribue une fiche médicale de tri. Les victimes sont soignées. Puis on les met en condition de transport pour aller vers le Centre Médical d'Evacuation (CME) qui sera la petite noria. Les victimes de plusieurs PMA se retrouvent là et reçoivent de nouveau des soins.

Accolé à lui, le Point de Répartition des Evacuations (PRE) permet de mettre les accidentés en condition d'évacuation. Souvent PMA/CME/PRE ne font qu'un.

L'évacuation (brassards ou chasubles de couleur bleue) :

Les personnes conditionnées au CME et installées au PRE sont prises en charge par des équipes qui vont les orienter vers les hôpitaux concernés par voie terrestre, ferroviaire ou aérienne. C'est la noria d'évacuation ou grande noria. Le rôle du secrétaire évacuation est assuré par un assistant de régulation médicale.

Chaque intervenant est identifiable par une chasuble définissant sa fonction.

Dans les suites sera organisé un débriefing où sera dressé un bilan de la catastrophe : moyens humains, moyens matériels, nombre de victimes avec leur catégorisation, le nombre d'hospitalisés, le coût etc…

On en retire les points positifs et négatifs avec les solutions à apporter.

Le secrétariat évacuation permet d'orienter les victimes vers les hôpitaux

Chez nos voisins allemands, le triage médical repose sur la méthode « Start ». Le pré-triage a donné lieu à l'élaboration de quelques critères simplifiés pour déterminer les priorités d'extraction du site et de transport au PMA car il a été constaté que les ressources médicales n'étaient pas suffisantes pour être efficaces partout en cas de catastrophe de large ampleur. Il a été tout de suite discuté quelle formation et quel niveau devaient avoir ces acteurs du secours en charge de cette prévisualisation de la situation et du pré-tri, ainsi que des aspects juridiques et éthiques, notamment pour les victimes décédées. Une proposition d'un schéma européen de triage commun, absolument nécessaire dans les zones frontalières, pourrait aussi voir le jour. A suivre en France.

« Il y a quelques temps j'ai eu au téléphone quelqu'un qui, en état d'ébriété et bénéficiaire de la cmu, voulait qu'on lui envoie une ambulance pour le ramener chez lui ! » une permanencière

Nicolas, un infirmier, apporte du réconfort

Soins d'urgence psychologique

Les cellules d'urgence médico-psychologique (CUMP) constituent, en France, un dispositif de prise en charge psychologique précoce des blessés psychiques dans des situations d'urgence collective (accidents catastrophiques à effets limités, catastrophes, attentats...). Elles interviennent en lien avec le SAMU dans le cadre de la médecine de catastrophe.

Cadre législatif :

- circulaire DH/E/DGS/SQ2 n°97/383 du 28 mai 1997 relative à la création d'un réseau national de prise en charge de l'urgence médico-psychologique en cas de catastrophe.
- circulaire DHOS//DGS/6C du 20 mai 2003 renforce le réseau des urgences médico-psychologiques en cas de catastrophe grâce à la dotation d'au moins une équipe pour l'ensemble des régions. Cette circulaire conforte l'action des CUMP en amont et en aval des interventions.

Suite à l'accident de la gare de Lyon en 1989 et l'écroulement du stade de Furiani en 1992, des médecins réanimateurs ont du faire face au traumatisme psychique des sauveteurs.

Sur instruction du président de la République Jacques Chirac, suite à l'attentat terroriste de la station RER Saint-Michel à Paris, le 25 juillet 1995, Xavier Emmanuelli, alors secrétaire d'État à l'action humanitaire d'urgence, créa ces cellules pour apporter une réponse d'urgence psychologique.

Réseau :

- National : un comité

- Interrégional : 7 Cellules permanentes Interrégionales d'Urgence Médico-Psychologique rattachées au SAMU (Paris, Nantes, Toulouse, Lyon, Lille, Marseille, Nancy).

Elles ont pour but de coordonner, d'apporter un soutien technique opérationnel scientifique et enfin de former.

- Départemental : les CUMP composées de volontaires psychiatres, psychologues et infirmiers sous la responsabilité d'un médecin psychiatre référent.

Déclenchement :

C'est le médecin régulateur du SAMU qui déclenche la CUMP après accord du médecin psychiatre coordonnateur. Il informe alors le Préfet de département ou de région.

Le déclenchement se fait sur 2 critères :

Catastrophes ou plans de secours collectifs (missions statutaires)

hors cadre de catastrophes, ce sera fonction du nombre de victimes et/ou si l'évènement est susceptible d'entraîner d'importantes répercussions psychologiques en raison des circonstances.

Missions :

Les évènements catastrophiques occasionnent des blessures physiques mais aussi des blessures psychologiques qui sont individuelles ou collectives, immédiates ou différées, aiguës ou chroniques.

Les interventions de la CUMP ont pour but de prévenir et soigner des troubles de stress post traumatique qui nécessite une prise en charge précoce au plus près de l'évènement et auprès des victimes directes (victimes/impliquées) et indirectes (témoins, familles, sauveteurs).

Prise en charge en 3 temps :

Immédiate : premiers secours médico-psychologiques sur le terrain avec médication, hospitalisation si nécessaire, proposition d'entretiens précoces à visée préventive et thérapeutique, distribution d'une note d'information. C'est un temps d'évaluation, d'information, de premier soutien et de prise de contact.

Post immédiat : organisation du débriefing médico-psychologique après 48h, mise en place de consultations.

Ultérieurement : mise en place de relais thérapeutiques (centres médico-psychologiques, psychiatres libéraux) et de relais sociaux et juridiques (service d'aide aux victimes).

Intervention :

Elle se fait sous l'autorité du Directeur des Secours Médicaux qui validera l'installation du Poste d'Urgence Médico-Psychologique (PUMP).

Le plan blanc

Le plan blanc est un plan destiné à faire face à un afflux massif de victimes ou à une situation exceptionnelle dans l'hôpital comme l'inondation d'un service, son évacuation… Il comporte des annexes NRBCE pour les risques Nucléaires, Radiologiques, Biologiques, Chimiques et Explosifs, et une annexe canicule lors du déclenchement du plan bleu. Le plan bleu est un plan élaboré à la suite de la canicule de 2003. Il prévoit l'ouverture de lits en été et la logistique correspondante pour faire face aux victimes de déshydratation.

Le décret 2005-1764 du 30 décembre 2005 définit le contenu du plan. Les circulaires du 3 mai 2002 et du 14 septembre 2006 sont relatives à l'organisation du système hospitalier et à l'élaboration des plans blancs des établissements de santé et des plans blancs élargis.

Le plan blanc est déclenché par le directeur de l'établissement hospitalier le plus souvent sur demande du SAMU en cas d'afflux de victimes lié à un phénomène externe à l'établissement. Pour cela, il s'appuie sur différents critères comme le nombre de victimes, les pathologies en cause ou encore la situation géographique. Dès la décision prise, la cellule de crise est activée.

La cellule de crise

C'est l'organe de commandement hospitalier pour la gestion d'une crise au sein de l'hôpital. Elle décide ou non d'activer le plan blanc et utilise des moyens de communication modernes comme internet, fax, radio, téléphones fixes, portables et satellites.

La cellule de crise de Nancy. Chaque pupitre comporte 3 écrans et un matériel de communication moderne

Ses missions sont :

– évaluer les besoins,

– mettre en œuvre les moyens avec différents niveaux d'activation (rappel du personnel),

– organiser la coordination des services techniques et médicaux,

– assurer la relève des équipes sur place.

Selon la circulaire du 13 avril 1987, la composition de la cellule est variable en fonction de l'établissement, du type d'accident et des circonstances. Le plus souvent, on peut voir autour du directeur d'établissement, un directeur des services logistiques, un coordonateur général des soins, un ingénieur, un médecin du SAMU ou des urgences, un représentant de la commission médicale d'établissement, un représentant de la sécurité, un pharmacien, un assistant de régulation médicale.

Le permanencier s'occupe alors de mettre en alerte les services concernés et il reçoit les messages du secrétaire évacuation du PMA si un plan rouge est déclenché en parallèle.

La cellule de crise doit interagir avec le SAMU, les services de soins, les blocs opératoires, les urgences, les services logistiques, mais aussi les médias, les autorités et les familles. De façon à toujours permettre une juste adéquation entre les besoins et les moyens, c'est la cellule de crise qui décide du rappel du personnel. Elle doit aussi penser à alerter d'autres établissements de santé ou SAMU susceptibles de participer à la prise en charge des patients, informer le médecin de la CUMP (Cellule d'Urgence Médico-Psychologique) ou encore prévenir les référents NRBCE si le risque l'impose.

La levée du plan blanc est faite par le directeur de l'établissement. La cellule de crise transmet l'information aux différents participants, établit un bilan, et organise des réunions de débriefing de façon à tirer des conclusions sur la gestion de la catastrophe.

Lots PSM (pas les : après PSM)

En situation d'exception, les PSM (Postes Sanitaires Mobiles) ont vocation à renforcer dans des délais très courts le potentiel d'intervention de l'aide médicale urgente sur le terrain pré hospitalier. Dans un souci d'efficacité, chaque PSM se compose en quantité définie de produits de santé, de matériel sanitaire et d'éléments de logistique habituellement utilisés dans l'aide médicale urgente.

Sur le terrain d'une catastrophe, les PSM trouvent leur utilité lors d'un plan rouge ou en renfort d'une structure hospitalière lors d'un plan blanc.

Le dispositif national comporte deux niveaux d'intervention.

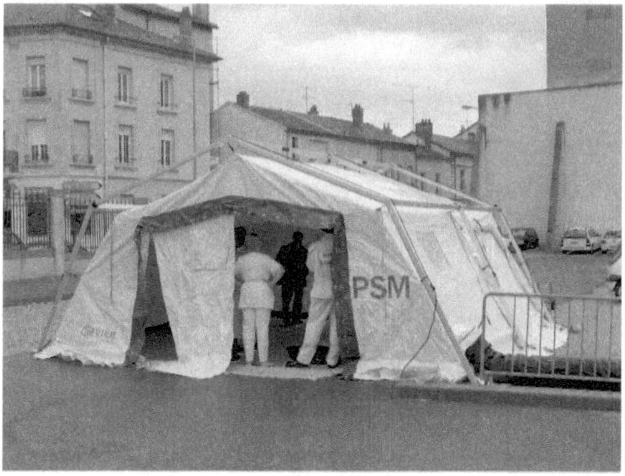

Tente PSM montée à l'hôpital Central de Nancy

Le poste sanitaire mobile de premier niveau (PSM1) :

Conçu pour la prise en charge de 25 blessés graves dans les conditions de fonctionnement d'un poste médical avancé, la dotation médicale, ou lot médical polyvalent, comprend 300 kg de produits pharmaceutiques et de matériel médico-chirurgical, répartis dans 11 conteneurs.

Cette dotation est complétée par des équipements logistiques (une remorque, une tente avec éclairage et chauffage, un groupe électrogène mobile, un lot de brancards et de couvertures).

Remorque PSM 1 Epinal prête au départ

Le poste sanitaire mobile de deuxième niveau (PSM2)

Mis en place en 1982, le PSM 2 est conçu pour assurer des soins spécialisés relevant de l'aide médicale urgente pour environ 500 victimes pendant 24 heures et pour faire face à une rupture brutale des circuits d'approvisionnement en produits pharmaceutiques d'urgence.

La dotation médicale comprend plus de 200 références pharmaceutiques et d'importants lots de matériel médico-chirurgical (environ 8 tonnes – 156 conteneurs).

La base des équipements logistiques reste la même que celle du PSM1 à laquelle s'ajoute un réseau tactique de radiocommunication et un logiciel informatique de gestion des produits pharmaceutiques.

Le PSM2 est conditionné de façon modulaire (4 lots polyvalents, 2 lots de base) et se fractionne pour une utilisation adaptée aux besoins. L'ensemble des éléments PSM est regroupé au sein de l'établissement. Accessibles 24 heures sur 24, 22 PSM2 et 109 PSM1 sont actuellement répartis sur le territoire national.

En cas de projection hors de France métropolitaine, des lots de produits adaptés aux conditions d'intervention complètent la dotation PSM2. Les postes sanitaires mobiles de deuxième niveau (PSM 2) de métropole sont équipés de lots radio numériques. Ils sont conditionnés pour un usage tactique afin de les rendre opérationnels immédiatement dans tous les cas de figure d'intervention, quelque soit l'état des réseaux habituels d'infrastructure.

La menace terroriste

La menace NRBCE (Nucléaire, Radiologique, Biologique, Chimique et Explosive) peut se manifester par des actes terroristes ou malveillants, par des accidents d'origine industrielle (production et transport de matières dangereuses chimiques ou radioactives), ou par la déclaration d'épidémies ou de pandémies (maladies dites émergentes).

La zone NRBCE du local d'Epinal

Unité Mobile de Décontamination Hospitalière de Nancy. Le module comprend 2 lignes : 1 pour les victimes non valides, l'autre pour les valides

En 1995, l'attentat au gaz sarin dans le métro de Tokyo a mis en évidence le manque de préparation du personnel soignant civil face au risque chimique. Il a provoqué la mort de 12 personnes et l'intoxication de plusieurs milliers de civils dont environ un quart du personnel des urgences de l'hôpital Saint Luke.

Les attentats du 11 septembre 2001 aux Etats-Unis ont révélé que les objectifs terroristes pouvaient être de frapper la population civile et d'entraîner un grand nombre de victimes.

Les attaques multi-sites de grandes capitales mondiales à Madrid en mars 2004 et Londres en juillet 2005, confirmaient cette volonté terroriste de toucher la population civile et de désorganiser les actions de secours et de soins.

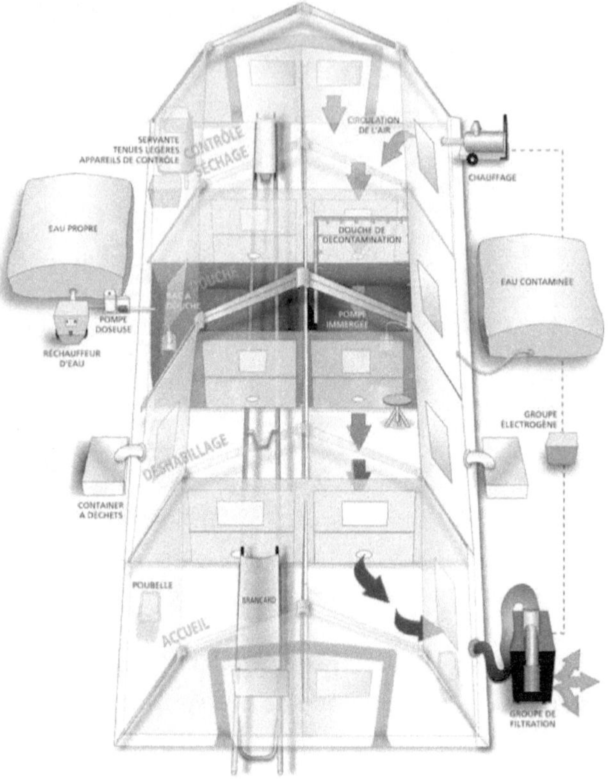

Principe de l'Unité Mobile de Décontamination Hospitalière

Le 21 septembre 2001, l'accident industriel de l'usine AZF de Toulouse a rappelé le risque industriel chimique et la nécessité pour les hôpitaux d'être préparés à un afflux massif de victimes (30 morts et plusieurs milliers de blessés).

Les actes de bioterrorisme peuvent se manifester par la diffusion d'agents infectieux contre la population (agents des fièvres hémorragiques virales, virus de la variole, peste, botulisme…). L'épisode des courriers contenant de l'anthrax aux Etats-Unis en 2001 a montré une possibilité de diffusion malveillante d'agents infectieux contre les civils.

L'épidémie de SRAS (Syndrome Respiratoire Aigu Sévère) en 2003/2004, la menace de grippe d'origine aviaire H5N1, l'épidémie de chikungunya à la Réunion en 2005/2006 et la pandémie grippale H1N1v de 2009 sont autant d'événements représentant la menace des maladies émergentes.

Le personnel est prêt à accueillir les premières victimes

Depuis 2003, des cellules ont été créées afin de mettre en place des procédures et des formations hospitalières homogènes sur le territoire national face aux risques exceptionnels NRBCE. A ce titre, un cadre de santé et un praticien hospitalier rattachés au SAMU ont été nommés dans chacun des 9 CHU référents des 7 zones de défense. En zone Est les CHU de Nancy et de Strasbourg sont référents dans le domaine NRBCE. La zone Est est composée de 18 départements répartis dans 5 régions : Alsace, Bourgogne,

Champagne-Ardenne, Franche-Comté, Lorraine.

Brancardage d'une victime invalide

Les missions de ces CHU référents sont :

- apporter une assistance technique auprès des Préfets de zone avec un rôle de conseil en cas de crise,

- désigner des services référents au sein de ces établissements,

- assurer la prise en charge diagnostique et thérapeutique des victimes,

- former du personnel hospitalier à la prise en charge des victimes.

Ces différentes actions ont été encadrées par des textes ministériels diffusés depuis 2002 :

- circulaire 700 du 7 novembre 2008 relative à la doctrine nationale d'emploi des moyens de secours et de soins face à une action terroriste mettant en œuvre des matières chimiques,

- circulaire 800 du 23 avril 2003 relative à la doctrine nationale d'emploi des moyens de secours et de soins face à une action terroriste mettant en œuvre des matières radioactives,

- circulaire DHOS du 3 mai 2002 relative à l'organisation du système hospitalier en cas d'afflux de victimes,

- circulaire DHOS du 14 septembre 2006 relative à l'élaboration des plans blancs et des plans blancs élargis.

Zone de douche

Pour faire face à ces risques, le CHU de Nancy possède un véhicule logistique permettant de tracter les remorques. Il y a 2 remorques Unité Mobile de Décontamination Hospitalière (UMDH) ainsi que 2 lots PSM 1 (Poste Sanitaire Mobile limité à 1,2 T). De plus, 2 groupes électrogènes et un groupe électrogène grande puissance viennent parfaire cet équipement. Il y a également sur Metz, Epinal et Verdun, une remorque PSM 1 avec un véhicule dédié ou non pour la tracter. Les formations du personnel hospitalier face aux menaces NRBCE étaient initialement destinées aux personnels des services d'urgence, SMUR et de réanimation puis se sont étendues à tous les personnels hospitaliers volontaires.

Pour faire face à une demande de formation initiale importante et étendue sur le plan géographique, les cellules NRBCE des CHU référents ont décidé de mettre en place des formations de formateurs relais.

De janvier 2004 à fin octobre 2009, ces formations de deux journées ont permis de former 403 formateurs.

Cette démultiplication a abouti à la formation initiale de 7115 personnes en zone Est. Elle s'étend sur une journée composée de 3 heures de théorie et 3 heures de pratique.

Depuis 2008, la cellule NRBCE de Nancy a mis en place une équipe opérationnelle. Cette équipe est composée d'une centaine de soignants volontaires et ne présentant pas de contre-indication aux ports des tenues de protection NRBCE. Ces agents suivent au minimum une journée de recyclage annuelle et participent aux exercices hospitaliers. En avril 2009, une partie de l'équipe a été mise en place avec une unité de décontamination hospitalière à Strasbourg dans le cadre du dispositif de secours du sommet de l'OTAN.

« Des années après cette intervention, je me souviens encore parfaitement du regard larmoyant qu'avait cette femme lorsqu'on lui a annoncé que son mari était décédé » un sapeur-pompier

Examens possibles en post interventionnel direct

A la suite d'une intervention SMUR, certains examens peuvent être réalisés dans un but diagnostic ou thérapeutique.

La radiographie

Les rayons X ont été découverts en 1895 par le physicien allemand Wilhelm Conrad Roentgen lorsqu'il étudiait les rayons cathodiques émis par un tube de Crookes, vers un écran de platino-cyanure de baryum dont ils excitaient la fluorescence. Ayant recouvert le tube émetteur d'un carton noir pour mieux observer l'extrémité du tube sur laquelle se projetaient les rayons cathodiques, Roentgen constata la brillance de l'écran disposé au-delà du carton. Il s'aperçut rapidement qu'un rayonnement inconnu, qu'il appela X, pouvait traverser des matières plus denses et plus lourdes que le carton. Il ne lui fallut ensuite que quelques semaines pour réussir à « photographier » le squelette de sa main, celui de sa femme, l'intérieur d'une boîte en bois contenant des poids cylindriques, et même son fusil chargé, dans lequel on voit les cartouches garnies de leurs plombs.

Cette innovation s'est répandue comme une traînée de poudre, et a trouvé en l'espace de cinq années l'essentiel de ses applications courantes : la radiographie médicale, dès 1896, et le contrôle industriel.

Seulement trois mois après la découverte des rayons X, A. Toepler, un ami de Roentgen, habitant Dresde, compare les transparences respectives de pigments métalliques et de pigments organiques. La première radiographie de tableau a été réalisée en 1896, en Allemagne, par W. König, puis une œuvre de Dürer a été examinée par radiographie en 1897, à Londres. Au cours de la première guerre mondiale, des médecins français ont observé des tableaux grâce à la radioscopie, et l'intérêt manifesté envers les radiographies des œuvres d'art n'a jamais diminué. De nombreuses institutions dans le monde étudient les œuvres de musées au moyen de la radiographie ; pour n'en citer que quelques unes en Europe : British Museum de Londres, Institut Royal du Patrimoine Artistique de Bruxelles, Doerner Institute de Munich, etc…

La radiographie enregistre l'image formée par des rayons X qui sont plus ou moins absorbés lorsqu'ils traversent un objet. On obtient ainsi à la fois une représentation de la constitution interne (squelette, structure, armatures, assemblages…) et du corps ou des objets étudiés. Les rayons X, créés par la collision d'électrons sur des atomes de matière, sont des ondes électromagnétiques, de même nature que la lumière visible ou les ondes radiophoniques.

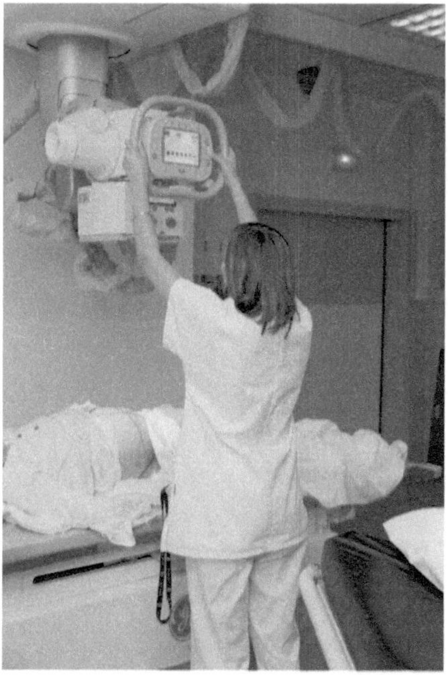

La manipulatrice en électro radiologie installe la patiente et règle l'appareil pour orienter les rayons X qui vont traverser la patiente avant de s'imprimer sur une plaque glissée dans le dos

La tomodensitométrie

La tomodensitométrie (TDM) ou scanner est un examen qui utilise les rayons X (X-Ray). Son principe consiste à réaliser des images en coupes fines du corps. Au lieu d'être fixe, le tube de rayons X tourne autour du patient et grâce à un système informatique puissant, des images sont obtenues. Ensuite, elles sont imprimées sur un film pour être étudiées. Dans la plupart des cas, un produit de contraste à base d'iode est utilisé pour améliorer leur qualité. Il peut être injecté par voie intraveineuse, avalé ou encore introduit par l'anus. C'est pourquoi, il est toujours très important de signaler au médecin les allergies connues à certains médicaments.

Dans la salle d'examen se trouve :

• la machine composée d'un anneau à l'intérieur duquel se trouve le tube à rayons X et d'un matelas, sur lequel le patient est allongé, pénétrant dans le centre de l'anneau,

• le pupitre de commande, derrière lequel se trouve le personnel médical, est séparé du reste de la pièce par une vitre plombée.

Cet examen présente l'avantage de donner des informations très précises sur les organes étudiés. Les images constituées permettent une visualisation du corps « en tranche » ou en 3 dimensions.

Le scanner étudie le cerveau, la cage thoracique, l'abdomen ou encore les os.

Il recherche des anomalies non visibles aux radiographies standards ou à l'échographie.

Il permet de :

– mettre en évidence des infections, une hémorragie, des kystes, des tumeurs, des ganglions,

– localiser avec précision un organe par rapport à un autre, de définir le trajet d'un vaisseau,

– guider des ponctions d'organes profonds évitant une intervention chirurgicale.

Il arrive que le SMUR dirige directement la victime vers cet examen, à visée diagnostique ou thérapeutique, avant de l'amener vers le service le plus approprié pour le reste de la prise en charge.

Scanner à l'imagerie Guilloz de Nancy. Le personnel surveille le déroulement de l'examen et donne leurs premières conclusions

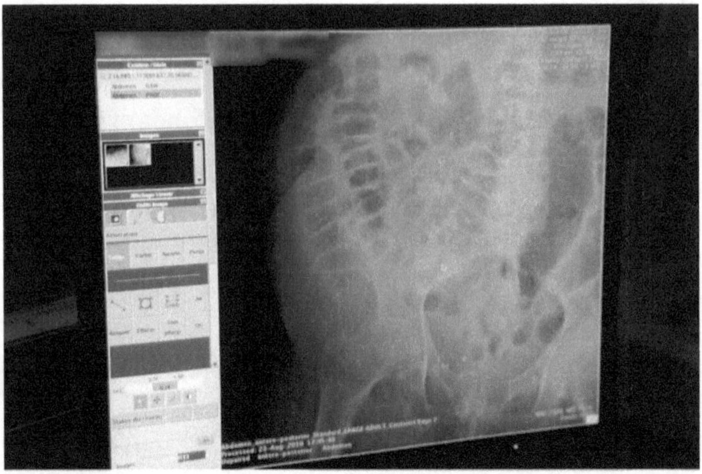

Radiographie de l'abdomen de profil.
Cet examen s'appelle un abdomen sans préparation (ASP)

La coronarographie

La coronarographie étudie les artères coronaires du cœur afin de :

• dépister des anomalies de circulation sanguine dues à un obstacle,

• intervenir sur le vaisseau en le dilatant si besoin : c'est l'angioplastie. Le geste peut être complété par la pose d'une prothèse métallique, en forme de ressort, appelée « stent ».

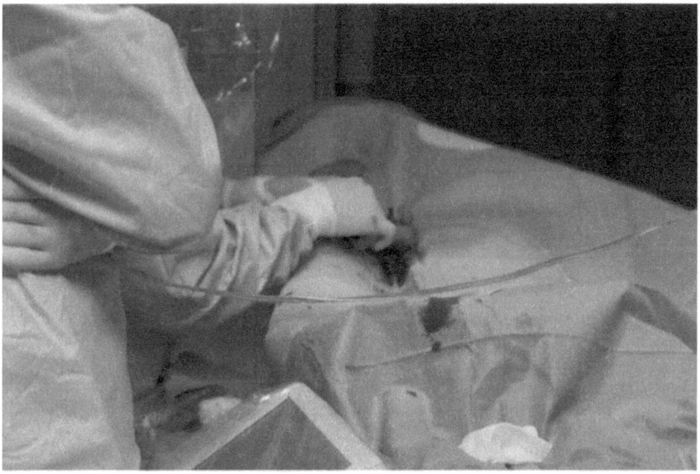

Le médecin fait progresser le cathéter dans l'artère jusqu'aux coronaires

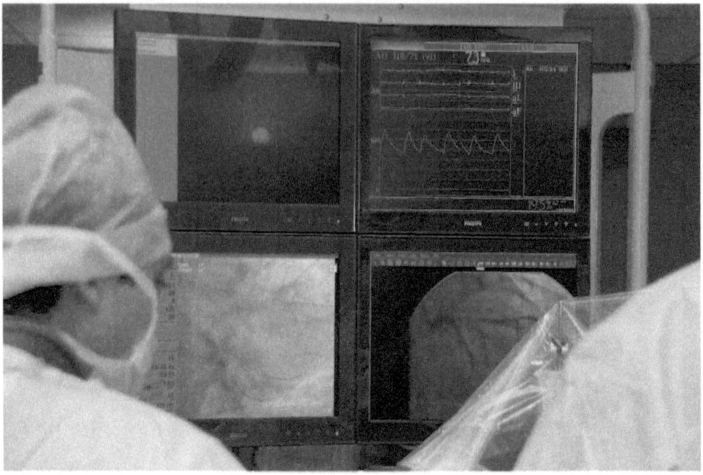

Le champ stérile ne laisse apparaître que le point de ponction du désilet. Les médecins réalisent leurs gestes sans douleur pour le patient qui est anesthésié. Pas moins de 4 écrans permettent aux opérateurs de réaliser le geste opératoire

Cet examen, réalisé sans anesthésie générale, est indiqué quand on suspecte un infarctus du myocarde ou un angor (angine de poitrine) c'est-à-dire en cas de :

- douleur persistante de la cage thoracique,
- malaises atypiques chez un sujet ayant certains facteurs de risque (âge supérieur à 50 ans, diabète, taux élevé de cholestérol, hypertension…),
- électrocardiogramme (ECG) anormal,
- anomalies biologiques, comme l'élévation des enzymes cardiaques sur la prise de sang.

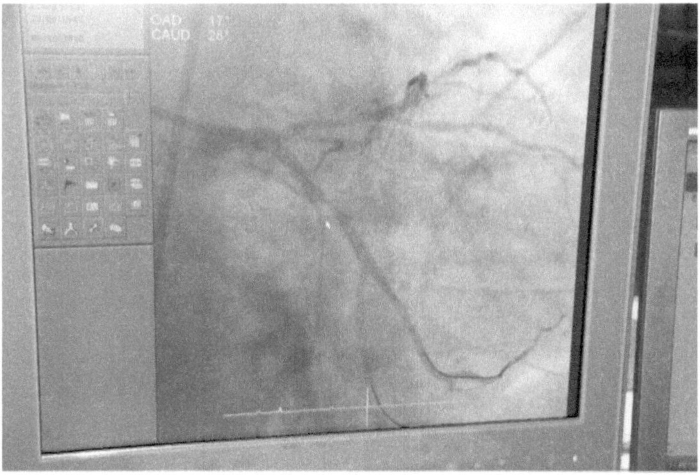

Les images et paramètres vitaux sont reportés sur des moniteurs dans la salle attenante.

Apparaissent en foncé les artères opacifiées

Elle recherche :

- un obstacle à l'écoulement du sang à cause d'un rétrécissement (athérome) ou d'un caillot (embole),
- elle précise le nombre, le siège et le type des lésions,
- elle peut mesurer les pressions à l'intérieur des cavités cardiaques.

Cet examen utilise les rayons X et un produit de contraste à base d'iode. Son principe consiste à opacifier, c'est-à-dire rendre visible, les artères coronaires qui irriguent le cœur. Un cathéter est introduit dans l'artère radiale ou fémorale pour injecter un produit de contraste qui se mélange au sang. Le système vasculaire devient alors visible sur les clichés radiologiques grâce aux propriétés radio opaques de l'iode.

L'oxygénothérapie hyperbare

L'oxygénothérapie hyperbare (OHB) est une thérapeutique très spécifique, irremplaçable dans certaines pathologies, et fort utile dans d'autres, parfois en urgence. Sa mise en œuvre nécessite des moyens techniques tout à fait particuliers, tant sur le plan matériel que sur celui du personnel.

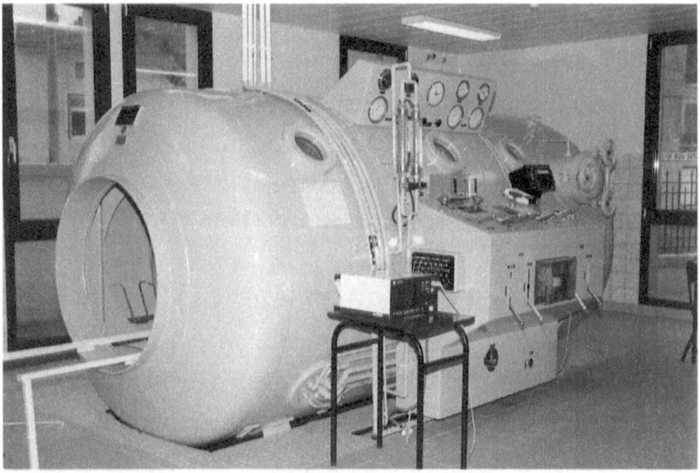

Construit en 1969, voici le caisson hyperbare fixe avant sa rénovation de 1994

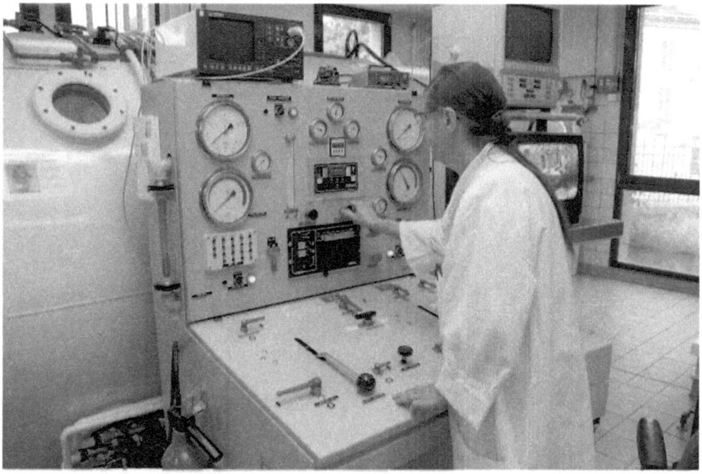

Le voici après 1994. Le Dr Briquel gère la séance

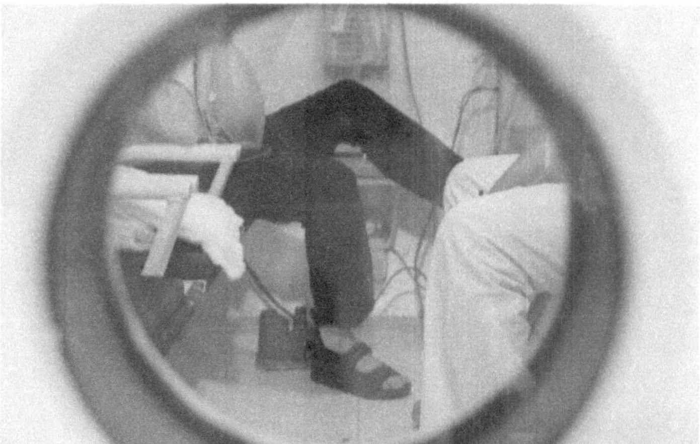

Vue de l'intérieur pendant « la plongée »

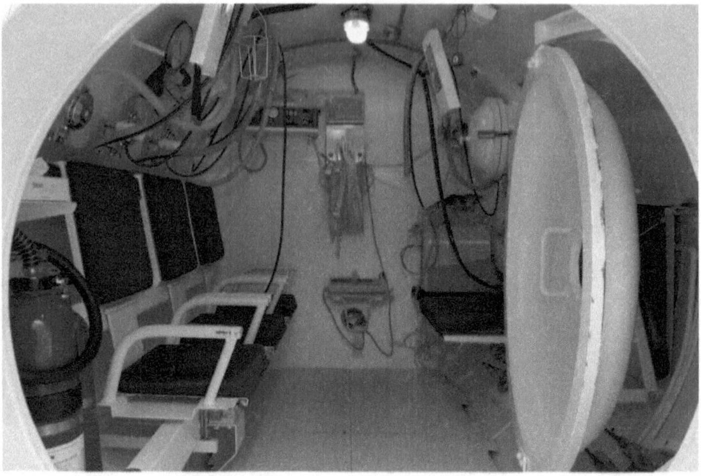

Intérieur du caisson hyperbare. Le caisson est équipé d'un sas et dedans 3 places assises et une place couchée

Caisson mobile d'oxygénothérapie hyperbare (CMO) de Nancy en 1967

Le caisson mobile d'oxygénothérapie hyperbare a fonctionné jusqu'en 1995

A Nancy, le caisson hyperbare se situait au pavillon Chalnot de l'hôpital Central. Construit en 1969, il a été rénové en 1994, ainsi le caisson hyperbare mobile du SDIS a cessé ses fonctions peu après 1995.

L'oxygénothérapie hyperbare est une technique médicale qui consiste à administrer à des patients de l'oxygène pur ou mélangé à des gaz vecteurs (hélium, azote, gaz carbonique) à une pression partielle supérieure à la pression atmosphérique. Elle permet une réversibilité physique des effets délétères grâce à une compression des volumes gazeux, une augmentation de l'oxygène dissous et l'absence d'inhalation d'azote.

Dès 1662, l'idée d'une application thérapeutique d'un séjour en pression sèche, revient au Dr Henshaw de Londres, qui faisait respirer de l'air comprimé à ses patients à l'intérieur d'une chambre appelée « domicilium ». On sait peu de choses sur les résultats obtenus, car à l'époque, cela n'intéressait personne. En 1959, une première approche vraiment scientifique de l'oxygénothérapie hyperbare se fait avec Boerema en chirurgie cardiaque et Brummel Kamp dans le traitement de la gangrène gazeuse en 1961. A compter de cette date de nombreux auteurs, en France et à l'étranger s'intéressent à cette nouvelle thérapeutique pleine de promesses, tantôt complémentaire, quelquefois seule alternative.

Citons Barthelemy à Toulon, Goulon à Garches, le Pr Larcan à Nancy, Mantz à Strasbourg, Ohresser à Marseille, Voisin et Wattel à Lille, Lareng à Toulouse, Du Caillar à Montpellier, et bien d'autres réanimateurs encore, qui ont permis de définir les indications de cette thérapeutique avec une évaluation objective des résultats.

Au préalable, les infirmiers candidats à l'hyperbarie sont soumis à un examen médical draconien avant d'aller en formation 2 semaines sur Lille ou Marseille pour apprendre les spécificités de ces prises en charge. A l'issue de ce stage, un examen sanctionne l'obtention du certificat d'aptitude à l'hyperbarie. Une mention s'y ajoute, en l'occurrence mention C pour l'hyperbarie sèche médicale, ainsi qu'une classe correspondant à la pression maximale pour laquelle la personne a été formée : classe I pour 4 bars hydrostatiques et classe II pour 6 bars hydrostatiques.

La majorité des séances thérapeutiques durent 1h30 avec une pression de 2,5 ATA. De l'allemand Atmosphäre, Technische, Absolut, l'atmosphère technique est une unité de pression définie comme la force exercée par un kilogramme sur une surface d'un centimètre carré. Cela correspond à la pression exercée par une colonne d'eau de 10 mètres. La plupart du temps l'augmentation et la diminution des pressions se font à la vitesse d'un mètre par minute. On peut faire une analogie avec la descente et la remontée en plongée. Les infirmiers plongent en moyenne 1 fois par mois avec un maximum de 2 plongées par jour. Lors de la plongée, l'infirmier rentre dans le caisson avec 1 à 3 patients et le médecin opérateur contrôle les pressions de l'extérieur et est responsable du déroulement de la séance.

Les indications de l'hyperbarie médicale associée à l'oxygénothérapie sont diverses :

Pathologies aigües : accidents de décompression, intoxications au monoxyde de carbone, embolies gazeuses, infections graves des parties molles…

Pathologies chroniques : ostéoradionécroses, lésions des pieds chez les diabétiques, ulcères artériels et cicatrisations retardées…

Le patient respire donc de l'oxygène pur à l'intérieur du caisson et une pression supérieure à celle de l'atmosphère lui est appliquée. Ceci nécessite une surveillance particulière de la tension, du rythme respiratoire et circulatoire. Les variations de pression nécessitent de prendre aussi des précautions sur le plan ORL. L'augmentation de la pression à l'intérieur des cloisons étanches impose des aménagements. En effet, les appareils de mesure habituels ne supporteraient pas une telle pression. Voilà pourquoi, seuls les capteurs sont à l'intérieur et les moniteurs restent à l'extérieur. Mais pour certains dispositifs indispensables à proximité du patient, il a fallu s'en procurer qui soient résistants à la mise en pression sèche.

Mais l'utilisation d'oxygène sous pression fait du caisson hyperbare un lieu à risque et des précautions sont à prendre avant de s'y installer. Evidemment toutes flammes, étincelles, cigarettes sont proscrites et un réseau de sécurité incendie est à commande extérieure et intérieure. La concentration interne en oxygène est constamment vérifiée par un oxymètre afin de ne pas dépasser 25 % d'oxygène et ainsi éviter le risque incendie. Seul le patient est hyper oxygéné grâce à un masque. Des couvertures anti feu sont également à disposition et tous ces dispositifs doivent être vérifiés avant chaque séance. La compression des gaz soumet les personnes à l'intérieur à des fortes variations de températures. Lors de la descente, les gaz se compriment et l'atmosphère s'échauffe. Lors de la remontée, c'est l'inverse.

Néanmoins, une dernière précaution peut prêter à sourire. En effet, avant de passer la porte hermétique du caisson, chacun est prié de vérifier l'étiquette de ses vêtements… Afin de limiter les risques d'inflammation, seul le « 100 % coton » est autorisé.

En 2009, 31 patients ont bénéficié de ce type de traitement à Nancy dont 9 urgences, représentant 568 plongées patient. L'activité du caisson est composée d'environ 10 % de pathologies aiguës et 90 % de pathologies chroniques.

Pour des raisons budgétaires, le CHU de Nancy a cessé toutes activités d'oxygénothérapie hyperbare depuis le 1er janvier 2012. Les patients doivent à présent être dirigés sur Metz ou le Luxembourg.

L'argent est le moteur de nombreuses décisions qui, parfois, vont à l'encontre d'une politique de santé de proximité !

Lexique

ACEL : Accident Catastrophique à Effet Limité
ACR : Arrêt Cardio-Respiratoire
AEG : Altération de l'Etat Général
AFGSU : Attestation de Formation aux Gestes et Soins d'Urgence
ALAT : Aviation Légère de l'Armée de Terre
ANTARES : Adaptation Nationale des Transmissions Aux Risques Et aux Secours
ARS : Agence Régionale de Santé
AS : Aide-Soignante
ASH : Agent de Service Hospitalier
AVC : Accident Vasculaire Cérébral
AVP : Accident de la Voie Publique
BNSSA : Brevet National de Sécurité et Sauvetage Aquatique
BSPP : Brigade de Sapeurs-Pompiers de Paris
CCA : Certificat de Capacité Ambulancier
CCF : Camion Citerne feux de Forêt
CESU : Centre d'Enseignement des Soins d'Urgence
CH : Centre Hospitalier
CHR : Centre Hospitalier Régional
CHRU : Centre Hospitalier Régional Universitaire
CHU : Centre Hospitalier Universitaire
CME : Commission Médicale d'Etablissement
CME : Centre Médical d'Evacuation

CMO : Caisson Mobile d'Oxygénothérapie hyperbare
CMU : Capacité de Médecine d'Urgence
CMU : Couverture de Maladie Universelle
CODAMUPS : COmité Départemental de l'Aide Médicale Urgente de la Permanence des Soins et des transports sanitaires
CODIS : Centre Opérationnel Départemental d'Incendie et de Secours
COS : Commandant des Opérations de Secours
CPAM : Caisse Primaire d'Assurance Maladie
CROSS : Centre Régional Opérationnel de Surveillance et de Sauvetage
CRRA : Centre de Réception et de Régulation des Appels
CS : Centre de Secours
CSP : Centre de Secours Principal
CTA : Centre de Traitement de l'Alerte
CUESIM : Centre Universitaire d'Enseignement par SIMulation
CUGN : Communauté Urbaine du Grand Nancy
CUMP : Cellule d'Urgence Médico-Psychologique
DAE : Défibrillateur Automatique Externe
DCD : Décédé
DDASS : Direction Départemental des Affaires Sanitaires et Sociales
DDSIS : Directeur Départemental du Service d'Incendie et de Secours
DEA : Diplôme d'Etat Ambulancier
DEA : Défibrillateur Entièrement Automatique
DESC : Diplôme d'Etudes Spécialisées Complémentaires
DHOS : Direction de l'Hospitalisation de l'Organisation des Soins

DOS : Directeur des Opérations de Secours
DSA : Défibrillateur Semi-Automatique
DSM : Directeur des Secours Médicaux
DZ : Drop Zone (Zone d'atterrissage de l'hélicoptère)
ECG : ElectroCardioGramme
FAE : Formation d'Adaptation à l'Emploi
FIL : Fourgon d'Incendie Léger
FMA : Formation de Maintien des Acquis
FMT : Fiche Médicale de Tri
FPT : Fourgon Pompe Tonne
FPTSR : Fourgon Pompe Tonne de Secours Routier
IADE : Infirmier Anesthésiste Diplômé d'Etat
IDE : Infirmier Diplômé d'Etat
IFSI : Institut de Formation en Soins Infirmiers
IOA : Infirmier d'Orientation et d'Accueil
IRFA : Institut Régional de Formation des Ambulanciers
ISP : Infirmier Sapeur-Pompier
MCS : Médecin Correspondant du Samu
NRBCE : Nucléaire, Radiologique, Biologique, Chimique et Explosif
OHB : Oxygénothérapie HyperBare
ORSEC : Organisation de la Réponse de la Sécurité Civile
PARM : Permanencier Auxiliaire de Régulation Médicale
PC : Poste de Commandement
PH : Praticien Hospitalier
PISU : Protocoles Infirmier de Soins d'Urgence
PMA : Poste Médical Avancé
POI : Plan d'Opération Interne
PPI : Plan Particulier d'Intervention
PRE : Point de Répartition des Evacuations
PRV : Point de Regroupement des Victimes

PSA : Poste de Secours Avancé
PSC 1 : Prévention et Secours Civiques de niveau 1
PSM : Poste Sanitaire Mobile
PTC : Poids Total en Charge
PTR : Poids Total Roulant
PU : Praticien Universitaire
PUMP : Poste d'accueil des Urgences Médico-Psychologiques
PV : Poids à Vide
RCP : Réanimation Cardio-Pulmonaire
RPSA : Remorque Poste de Secours Avancé
SAMU : Structure d'Aide Médicale Urgente
SAU : Structure d'Accueil des Urgences
SAUV : Structure d'Accueil des Urgences Vitales
SDACR : Schéma Départemental d'Analyse et de Couverture des Risques
SDIS : Service Départemental d'Incendie et de Secours
SIUMPPS : Service Inter Universitaire de Médecine Préventive et de Promotion de la Santé
SMUR : Structure Mobile d'Urgence et de Réanimation
SNSM : Société Nationale de Sauvetage en Mer
SRAS : Syndrome Respiratoire Aigüe Sévère
SROS : Schéma Régional d'Organisation des Soins
SSSM : Service de Santé et de Secours Médical
SVP : Sauveteur Volontaire de Proximité
TDM : TomoDensitoMétrie
TGV : Train à Grande Vitesse
TIIH : Transfert Infirmier Intra-Hospitalier
UA : Urgence Absolue
UMH : Unité Mobile Hospitalière
UMP : Urgence Médico-Psychologique

UR : Urgence Relative
VLM : Véhicule Léger Médicalisé
VLROG : Véhicule de Liaison Radio de l'Officier de Garde
VML : Véhicule Médicalisé Léger
VPC : Véhicule Poste de Commandement
VPMA : Véhicule Poste Médical Avancé
VRM : Véhicule Radio Médicalisé
VSAB : Véhicule de Secours aux Asphyxiés et Blessés
VSAV : Véhicule de Secours et d'Assistance aux Victimes
VSR : Véhicule de Secours Routier
VTP : Véhicule de Transport du Personnel
VVP : Voie Veineuse Périphérique

Remerciements

Par ordre alphabétique :

Monsieur Michaël Angioi, Praticien hospitalier, responsable de l'HDI au CHU Nancy

Monsieur Philippe Atain-Kouadio, Praticien hospitalier, responsable qualité évaluation au SAMU du CHU Nancy

Monsieur Michel Aussedat, Praticien hospitalier, Directeur médical du SAMU 57

Monsieur Gilles Barou, Directeur général du Centre psychothérapique de Nancy

Monsieur Daniel Baugnon, Praticien hospitalier, Directeur médical du SAMU 55

Monsieur Cédric Bourzeix, Praticien hospitalier au SAMU du CHU Nancy

Monsieur François Braun, Praticien hospitalier, Chef de service du SAU/ SMUR du CHR Metz

Monsieur Jean-Marc Brüder, Ambulancier SMUR au CHU Nancy

Madame Bernadette Briquel, Médecin retraité, référent caisson au CHU de Nancy

Madame Christine Burtin, Cadre de santé référent NRBCE au CHU de Nancy

Madame Isabelle Castin, Cadre de pôle au CHU Nancy

Mademoiselle Catherine Chevallier, Agent de service hospitalier en réanimation médicale au CHU de Nancy (dit cathy de la rea)

Monsieur Nicolas Clement, Infirmier en réanimation médicale au CHU Nancy

Madame Nadia Didierjean, Cadre de santé au CHU Nancy

Madame Cécile Faivre, Cadre supérieur de santé au Centre psychothérapique de Nancy

Monsieur Jean-Pierre Galloni, Sapeur-pompier professionnel retraité du SDIS 54

Monsieur Thierry Gebel, Directeur général de l'hôpital Emile Durkheim d'Epinal

Monsieur Francis Huot-Marchand, Médecin colonel au SSSM du SDIS 54

Madame Catherine Kurschat, Cadre de santé à l'hôpital Emile Durkheim à Epinal

Madame Nathalie Laine, Secrétaire du CHU de Nancy

Monsieur Alain Larcan, Professeur à la faculté de médecine de Nancy, membre et ancien président de l'académie nationale de médecine, docteur en Philosophie

Monsieur Olivier Lebon, Ambulancier SMUR au CHU Nancy

Monsieur Alain Linck, Ambulancier SMUR au CHU Nancy

Madame Martine Malie, Aide-soignante retraitée du CHU de Nancy

Monsieur Francis Mangeonjean, Directeur des soins au Centre psychothérapique de Nancy

Monsieur Mathieu Maria, Pédiatre réanimateur en réanimation pédiatrique au CHU Nancy

Monsieur François Mougeolle, Médecin lieutenant-colonel au SSSM du SDIS 54

Monsieur Jean Perrin, Cadre de santé au SAMU/SMUR du CHU Nancy

Madame Marie-Hélène Philippe, Praticien hospitalier au SAMU du CHU Nancy

Monsieur Thierry Richard, Cadre supérieur de santé au Centre psychothérapique de Nancy

Madame Isabelle Robinet, Infirmière en réanimation médicale au CHU de Nancy

Mademoiselle Ingrid Schivre, Infirmière

Monsieur Laurent Schwaller, Dirigeant du groupe SC 54 à Vandœuvre-les-Nancy

Monsieur Gérard Thomas, Directeur des soins au CHU Nancy

Mademoiselle Elise Tisserant, Infirmière au SAU/SMUR du CHU Nancy

Madame Catherine Tresse, Infirmière au SAU/SMUR du CHU Nancy

Monsieur Christian Uhrig, Directeur des soins à l'hôpital Emile Durkheim d'Epinal

Monsieur Michel Vedel, Praticien hospitalier, Médecin au SAMU du CH Verdun

Madame Laurence Verger, Directrice de la communication au CHU de Nancy

Monsieur David Vigneron, Infirmier au CHU Nancy

Monsieur Philippe Vigouroux, Ex directeur général du CHU de Nancy

Toutes les équipes du SAMU, SMUR, les services d'urgences d'Epinal, Nancy, Metz et Verdun, le service de radiologie de l'hôpital Central, le plateau technique interventionnel de l'hôpital Brabois, les sapeurs-pompiers de Meurthe-et-Moselle ainsi que tous les élèves des groupes AFGSU niveau 1 et 2 des 26,27 et 28 avril ; 9,10 et 11 juin et 27, 28 et 29 septembre 2010.

Je souhaite remercier tout particulièrement :

Madame Christine Braga, Puéricultrice cadre de santé, maternité régionale de Nancy

Monsieur Eric Clement, Praticien hospitalier, référent NRBCE du CHU Nancy

Monsieur Jean-Michel Kleffert, Ex directeur technique du CESU 54 au CHU Nancy

Monsieur Patrick Labbe, Pilote de l'hélicoptère lorrain du SAMU

Madame Catherine Maurath, ARM au CHU Nancy

Monsieur Lionel Nace, Praticien hospitalier, Directeur médical du SAMU 54

Monsieur Cédric Quignard, Cadre de santé au CHU Nancy

Monsieur Mahmoud Rouabah, Pédiatre, responsable de l'unité fonctionnelle du SMUR Néonatal régional lorrain, maternité régionale de Nancy

Monsieur Hubert Tonnelier, Praticien hospitalier, Directeur médical du SAMU 88

Monsieur Claude Varoqui, Praticien hospitalier, Directeur médical du CESU 54 au CHU Nancy

qui ont apporté une collaboration active par leur soutien et leurs conseils à l'élaboration de cet ouvrage.

Et enfin ma femme, mes enfants et ma famille pour leur soutien et pour avoir supporté mes absences et mes doutes, ainsi qu'à ma grand-mère.

Table des matières

Cet ouvrage a été composé par Edilivre

175, boulevard Anatole France – 93200 Saint-Denis
Tél. : 01 41 62 14 40 – Fax : 01 41 62 14 50
Mail : client@edilivre.com

www.edilivre.com

Tous nos livres sont imprimés
dans les règles environnementales les plus strictes

ISBN papier : 978-2-414-06140-2
ISBN pdf : 978-2-414-06141-9
ISBN epub : 978-2-414-06139-6
Dépôt légal : avril 2017

Imprimé en France, 2017

www.ingramcontent.com/pod-product-compliance
Lightning Source LLC
Chambersburg PA
CBHW020551051126
54379CB00040B/483
* 9 7 8 2 4 1 4 0 6 1 4 0 2 *